AF389589

STÉRÉOTOMIE,

OU

ART DU TRAIT.

STÉRÉOTOMIE,

OU
ART DU TRAIT,

contenant

LES ÉLÉMENTS DE GÉOMÉTRIE, LA CONNAISSANCE DES SOLIDES, LEURS DIFFÉRENTES SECTIONS, PÉNÉTRATIONS ET DÉVELOPPEMENTS, LEVÉE PARTICULIÈRE DES PLANS, LA COUPE DES PIERRES, LA COUPE DES BOIS, CHARPENTE, ETC., ETC.

Ouvrage dédié

A MM. les Architectes, Entrepreneurs, Appareilleurs, Charpentiers, Maçons, etc., etc.

Par C. PROTOT,

Démonstrateur de Trait.

Enrichi de 32 planches lithographiées.

PREMIÈRE PARTIE.

TROYES,

IMPRIMERIE DE L.-C. CARDON.

1838.

STÉRÉOTOMIE,

ou

ART DU TRAIT.

SECTION PREMIÈRE.

DES PRINCIPES DE GÉOMÉTRIE.

La Géométrie est une science indispensable : aussi est-il démontré que toute chose est soumise à ses règles. Le mot géométrie, dans son sens littéral, signifie la mesure des surfaces; mais, pour opérer, il faut des points, des lignes droites, courbes, sinueuses, mixtes, etc.

La ligne droite est la plus courte pour se diriger vers un même but. *fig.* 1re, *pl.* Ire. On considère le changement d'un point d'un endroit à l'autre.

La ligne courbe, *fig.* 2, est une partie de cercle; on doit considérer cette ligne comme étant formée par un centre commun à toutes ses parties.

La figure 3 sont deux lignes droites parallèles. Pour les tracer parallèlement, on tire d'abord une droite vers l'extrémité de laquelle on pose la pointe d'un compas, ou tout autre instrument devant en tenir lieu; on décrit deux parties du cercle, *a* et *b*, et du point de sommité de ces parties de cercle ou bombement des arcs, on tire une deuxième ligne qui est parallèle : on conçoit que deux parallèles ne peuvent se rencontrer dans aucun point, telle soit leur prolongation.

La figure 4 sont deux courbes parallèles : le centre est commun aux deux courbes.

La figure 5 sont des divergentes ; on appelle ainsi deux lignes qui, sortant d'un même point, s'éloignent en se prolongeant.

La figure 6 est une courbe formée sans centre. On prouve par cette figure que le cercle est composé d'une multitude de petits polygones ou côtés ; cette opération se fait en élevant une perpendiculaire sur une horisontale. Fixez l'extrémité de la courbure sur l'horisontale ou corde au point a, b ; fixez également la longueur de la flèche au point c ; tirez deux lignes obliques de a en c ; divisez la flèche en quatre parties ; divisez les deux obliques en deux parties égales sur le centre de chacune ; élevez une petite perpendiculaire sur cette perpendiculaire ; mettez une quatrième partie de la division de la flèche sur la petite perpendiculaire aux points d', d' de ces points ; tirez quatre petits obliques de d en c, de d en e, de a en d et de b en d ; divisez ces quatre obliques en deux parties égales ; élevez de ces points quatre perpendicules ; prenez le quart de la flèche que vous diviserez en quatre parties ; mettez-en une partie sur les perpendicules, et vous menerez huit lignes obliques qui vous feront concevoir que cette partie est divisée en huit, qui se rangent circulairement entre elles. Pour vérifier l'opération, faites sur deux des côtés opposés une opération semblable à la figure 7 ; vous prolongerez son intersection, et où elles se rencontreront, elle formera le centre E ;

on posera le compas sur ce centre E, et on l'ouvrira sur *a* et *b ;* alors on le fera mouvoir en passant en *c,* et il touchera les points des huit derniers perpendicules.

La figure 8 est un cercle, et les lignes qui y ont rapport ; la ligne circulaire, qui forme le cercle, est sa circonférence ; la ligne qui coupe une partie du cercle *a, b,* est une corde ou sous-tendante ; celle passant par le centre *c* est la ligne diamétrale ou diamètre ; celle qui, sortant du centre *c*, se prolonge jusqu'à la circonférence, est un rayon ; celle qui coupe le cercle en se prolongeant, est une sécante ; celle qui touche le cercle en un point de sa circonférence, est une tangente.

La figure 9 sont des cercles concentriques, parce qu'ils ont un centre commun.

La figure 10 sont des cercles excentriques, qui ont des centres particuliers.

La figure 11 est une ligne croisée par une autre ligne à angle droit ; on opère en tirant d'abord une ligne sur les points *a* et *b ;* de cette ligne fixez des points ; de ces points, ouvrez le compas, ou ce qui le représente, et faites-le mouvoir à droite et à gauche de *c* en *d*, et des points d'intersection, menez la ligne *c, d*. Cette opération est très-utile et très-simple : elle remplace les équerres et niveaux, et on obtient plus de justesse pour l'équerre. Faites l'opération sur une surface horizontale : telle serait un plancher ou solivage, etc.; et pour le niveau, sur une surface verticale, tels que mur, pan de bois, etc. En commençant par plomber une ligne dans sa hauteur, on croise cette ligne à angle droit par une autre ligne prolongée : cette dernière est le niveau.

La figure 12 est ce qu'on appelle un trait carré ; c'est

élever une perpendiculaire sur un point donné. Tirez une ligne ; fixez un point ; de ce point, avec un espace semblable, faites les sections *a, b ;* sur la ligne de ces points, avec une longueur plus grande que les intervalles qui séparent le centre en deux points, et de ces points , formez, vers le centre, mais plus élevé, les intersections *c*, et du centre élevé la perpendiculaire.

La figure 13 est ce que les ouvriers appellent un trait carré sur l'extrémité d'une ligne ; tirez la ligne *b, c ;* fixez en *e* le point à élever ; posez le compas dans un espace pris arbitrairement en *a ;* ouvrez le compas de *a* en *c ;* décrivez la partie du cercle *b, c, d* indéfinie ; cette partie de cercle coupera la ligne au point *b* de cette intersection ; menez une ligne de *b* en *a,* comme centre de la partie de cercle ; prolongez cette ligne jusqu'à ce qu'elle coupe la courbe en deux ; de cette intersection et du point *c,* c'est la perpendiculaire demandée.

La figure 14 est une autre manière d'opérer. Tirez la ligne *a, b ;* fixez le point *a* et *b,* (ce dernier étant la ligne à élever) de l'ouverture *a, b ;* décrivez les deux parties courbes qui se croisent au point *c ;* de ce point doublez l'ouverture du compas que vous ferez mouvoir vers le point *d ;* ensuite tirez la ligne droite *a, b ;* prolongez en *d,* qui croisera avec la partie courbe, et qui formera le point *d* de ce point et du point *b* : c'est la perpendiculaire demandée.

La figure 15 est encore une autre manière d'opérer. Tirez la ligne *a, b ;* marquez le point *a* et *b* de l'intervalle d'entre eux ; décrivez deux parties de cercle, qui se rencontreront en *c ;* de ce point, sans changer l'ouverture du compas, décrivez la partie de cercle *a, f,* E indéfinie. Sur

AVIS.

Depuis près de vingt ans d'application et de démonstration de la science de l'art du Trait, je me suis convaincu de la nécessité d'y joindre les principes de géométrie, qui sont indispensables dans toutes les sciences, et particulièrement à l'art de bâtir; j'ai divisé la géométrie en deux parties : la première à la connaissance des lignes et surfaces, et la deuxième à celle des solides, de leurs différentes sections et développements; cette dernière est subdivisée par des réunions et pénétrations de différents solides qui peuvent varier depuis zéro jusqu'à l'infini; mais je me suis arrêté à ceux qui m'ont paru indispensables. Cependant, le plan de cet ouvrage est de présenter toutes les difficultés qu'on peut rencontrer en construction, par la mise en œuvre des différents matériaux qui la composent, et la faculté de lever toutes ces difficultés, tant pour le tracé des épures, que pour l'arrangement et l'économie qui peut s'entendre dans celle du temps et des matériaux.

La science de tracer et couper les solides pour être employés en construction, est connue sous le nom de l'art du trait; mais pour mettre en rapport direct l'art du trait avec la géométrie, il existait une lacune qu'il fallait remplir; car il semblait que la géométrie ne devait comprendre que le tracé et la mesure des surfaces, et que cette science ne devait être pratiquée que par des géomètres ou toiseurs; que l'art du trait ne devait être pratiqué que par les tailleurs de pierre, charpentiers et menuisiers en bâtiment, qui ne comprenaient même pas comment les figures de géométrie étaient contenues dans le tracé de leurs épures; il fallait donc les persuader en employant les termes applicables aux solides; c'est cette science que nous nommons stéréotomie, qui signifie section des solides; mais il faut, pour bien comprendre ces solides et les noms qu'ils occupent dans les sciences, en avoir la figure et connaître les propriétés; mais comme la classe des solides est très-multipliée, nous nous arrêterons à reconnaître cinq corps réguliers, qui sont le prisme, la pyramide, le cylindre, le cône et la sphère; tous autres corps irréguliers sont assujettis ou affectés à ces formes, en tout ou en partie, d'où viennent les noms de prismatique, pyramidale, cylindroïde, cônoïde et sphéroïde. En construction, un bloc de pierre, une pièce de bois, etc., doivent être dénommés par leurs formes; de même un bâtiment élevé sur un plan carré présente jusqu'à son comble un prisme quadrangulaire, qu'on distingue de celui élevé sur un parallélogramme rectangle par le nom de parallélipipède; le toit qui se réunit à un point commun à ses côtés, et connu sous le nom de pavillon, est une pyramide quadrangulaire; l'endroit où passe une cheminée pénètre la pyramide par un prisme quadrangulaire; si la cheminée est un cylindre, c'est une pénétration cylindrique; s'il y a une lucarne, le comble de lucarne et son ouverture forment un prisme pentagonal irrégulier; enfin, les fenêtres, les différentes ouvertures de portes, carrées, circulaires, droites, obliques, de pente, etc., etc., sont autant de pénétrations; les sections sont autant multipliées que les pénétrations.

Exemple : le comble d'un bâtiment qui aurait une croupe, est un prisme triangulaire tronqué obliquement, dans une coupole, une lunette où on doit tirer des jours, est en même temps une section et une pénétration; enfin, les exemples sont très-nombreux; il suffira de dire qu'il faut examiner scrupuleusement ces sections et pénétrations, et se familiariser au jeu ou mécanisme des lignes.

Ces leçons, d'abord ignorées par les ouvriers, puis vues avec indifférence, me sont redemandées par ceux qui ont bien voulu m'honorer de leur confiance, car depuis quinze ans que je les ai ajoutées aux leçons de trait, beaucoup sont revenus exprès me prier de vouloir bien les leur démontrer, m'assurant qu'elles n'étaient enseignées nulle part, et qu'ils étaient convaincus de la nécessité de les savoir; c'est ce qui m'a décidé à rendre ces leçons publiques.

Ce n'est pas que j'aspire à la célébrité, car je n'ai

rien inventé de cette science, les Philibert de Lorme, les Mathurin, Jousse, les Rondelet, Fourneau, Simonin, Dérant, et tant d'autres ont excellé dans l'art du trait; mais il n'y eut que messieurs Rondelet et Fourneau qui donnèrent quelques notions de stéréotomie, leurs ouvrages, et surtout celui de M. Rondelet, par la richesse des gravures et la multitude de planches, enrichi d'ailleurs d'un texte recherché, ne se trouvant pas à la portée des ouvriers, est ignoré de la plupart; les autres ont vieilli ou ne sont plus, c'est sur leurs cendres presque éteintes qu'on doit rallumer le flambeau qui doit guider les ouvriers dans la carrière de la construction; et pour faciliter leur intelligence sans les rebuter, j'ai employé des expressions communes et des moyens d'abréviation qui n'étaient pas mis en usage; j'ai joint aux termes techniques les termes ouvriers.

De plus on pourra, en découpant les développements, les plier sur leurs lignes et les réunir, ils présenteront le solide dans la forme cubique.

Une deuxième et troisième parties, qui feront suite au présent volume, traiteront plus amplement des coupes de bois, charpenterie, menuiserie et coupes de pierre.

cette partie de cercle, et à partir du point *a*, avec la même ouverture de compas, portez trois fois la même ouverture, qui vous donneront les points *f*, E et *d* de ce dernier au point *b* : c'est la perpendiculaire demandée.

La figure 16 est encore une autre manière d'opérer. Tirez la ligne *a*, *b*, que vous diviserez en cinq parties égales; prenez quatre de ces parties, portez-les du point *b* vers le point *c* indéfini; prenez ensuite une longueur de cinq parties; vous poserez la pointe du compas sur la troisième division, en sectionnant vers la partie circulaire, qui se dirige en *c*; cette longueur de cinq parties formera le point *c* de ce point au point *b* : c'est la perpendiculaire demandée; ou si on veut porter trois parties vers le point *c*, on le mettra sur la quatrième division, et le résultat sera le même.

La figure 17 est encore une manière d'élever une perpendiculaire. Sur l'extrémité d'une ligne, l'opération se fait par 90 degrés. Il est peu d'ouvriers qui savent ce que c'est que des degrés; c'est pour eux que je me permets d'en faire une petite description. Les anciens géomètres ont divisé le cercle en 360 parties ou degrés; ce nombre 360 ne fut pas fixé par l'effet du caprice : il répondait aux 360 jours lunaires.

Ce nombre fut employé en géométrie pour diviser le cercle, et cette division se fait de la manière suivante :

Le rayon qui décrit la circonférence du cercle est toujours compris six fois dans cette circonférence; si on disait 360, divisé par 6, on aurait 60, dont le rayon *a*, *b*, *fig.* 17, qui a donné les parties de cercle *c*, *d*, qui, se rencontrant en *e*, forment trois intervalles égaux, et qui sous-tendent à 60 degrés. Si vous divisez en prolongeant les courbes jusqu'en *d*, et que de ce point et de celui qui est le centre en *b*, vous meniez une diagonale, elle coupera la partie du cercle en *f*, qui divisera l'intervalle *a*, *e* en deux parties égales, qui auront chacune 3o degrés, et l'une d'elle sera une douzième partie du cercle. Si vous preniez cette douzième partie de cercle *a*, *f*, qui est 3o degrés, et que vous l'ajoutiez à la sixième partie *a*, *e* de *e* en *c*, vous auriez alors 9o degrés, puisque la douzième partie du cercle est 3o, le sixième est 6o, ensemble 9o. Si 9o degrés sont le quart du cercle, il en résulte une perpendiculaire.

Des surfaces triangulaires (pl. II).

Toute surface est comprise entre des lignes.

Deux lignes droites ne forment pas une surface.

Trois lignes forment des triangles.

On considère les triangles par rapport à leurs angles et par rapport à leurs côtés : un triangle est toujours la moitié d'un parallélogramme.

Le triangle équilatéral, *fig.* 1ʳᵉ. *pl.* II, ne peut avoir moins de 6o degrés d'obliquité sous chaque angle, moins de trois côtés égaux et trois angles aigus. Il est rectiligne quand il est composé de lignes droites; il est mixtiligne quand il est formé de droites et courbes; il est curviligne quand il est composé de trois lignes courbes.

Un triangle est isocèle, *fig.* 2, quand il a deux côtés égaux; il est oxigone ou acqutangle quand il a les trois angles plus fermés que 9o degrés.

La figure 3 est encore un isocèle; mais il est embligone ou obtusangle, parce qu'il a un angle plus ouvert que 9o degrés.

La figure 4 est un triangle rectangle symétrique, parce qu'il a deux côtés égaux et un angle de 90 degrés ; il est considéré comme la moitié d'un carré qu'on aurait coupé d'un angle à l'autre : cette diagonale s'appelle hipoténuse. Tout triangle est rectangle quand il a un angle do 90 degrés ; il y a des triangles rectangles scalènes qui ont les trois côtés inégaux : on doit les considérer comme la moitié d'un parallélogramme rectangle coupé sur sa diagonale.

Un triangle scalène est oxigone quand il a ses trois côtés inégaux et ses trois angles aigus, *fig.* 5.

Il est scalène embligone quand il a un angle obtus, *fig.* 6.

Une rhombe ou lozange, *fig.* 7, est formé par deux triangles équilatéraux qui, coupés d'un angle à l'autre, donnent quatre triangles rectangles ; c'est sur ces triangles qu'on obtient la mesure de la surface.

La figure 8 est une rhomboïde, la figure 9 est un trapézoïde, la figure 10 est un carré ou quadrilatère, la figure 11 est un parallélogramme rectangle, la figure 12 est un trapèze ; 13 et 14 sont des parallélogrammes irréguliers dont on donnera une plus ample explication à la levée des plans et au tracé des épures qui se trouvent à la fin de cet ouvrage.

La figure 15 est une combinaison d'angles par des parties de cercles et dont on a formé un équerre à anglet. Nous parlerons dans la suite des propriétés des angles produits par des parties de cercles.

Des Poligones, (pl. III).

La figure Ire est un pentagone ou figure à cinq côtés ; pour en faire la division, on décrit le cercle ponctué qu'on traverse à angle droit par deux diagonales ; on divise le rayon de l'une d'elles au point *a*, on pose une pointe du compas sur ce point, et l'autre sur la perpendiculaire, et touchant la circonférence *b*, on décrit en faisant mouvoir la pointe qui est en *b*, sur la diamétrale au point *c* de ce point avec *b*, l'intervalle est une cinquième partie du cercle; on tire ensuite de ces points des droites, et on a le pentagone régulier.

La figure 2 est un exagone, cette figure se fait en décrivant un cercle, et du rayon qui a décrit ce cercle, mettez six fois cet intervalle, vous aurez six points également éloignés; de ces points menez des droites, et vous aurez l'exagone.

La figure 3 est un eptagone; pour l'obtenir, fermez le compas une sixième partie du rayon et mettez cet intervalle sur le cercle.

La figure 4 est un octogone; pour l'obtenir, on trace un cercle qu'on coupe à angle droit par deux diamétrales, ensuite on divise les intervalles de chaque quart de cercle en deux parties égales et on mène des droites. Toutes ces figures sont inscrites au cercle, c'est-à-dire en dedans du cercle.

Mais la figure 5 est un octogone circonscrit, c'est-à-dire hors du cercle; nous supposons qu'on soit dans la nécessité de faire un cylindre ou fût de colonne, on prend un bloc de pierre ou pièce de bois qu'on dresse à l'équerre le plus exactement possible, alors on tire des lignes au milieu sur toutes les faces, puis on divise la partie qu'il y a du milieu au dehors en cinq parties ou intervalles; on met deux de ces parties de chaque côté des lignes milieu, et on mène huit autres lignes parallèles, puis on

enlève avec l'outil d'une ligne à l'autre les parties qui forment les quatre angles du solide, alors il a huit pans égaux entre eux.

On obtient un octogone circonscrit, en croisant deux lignes à angle droit : décrivez un cercle, tracez au tour du cercle un carré dont les faces ou pans soient parallèles aux lignes qui passent par le centre; on mène des angles du cercle, des diagonales qui se croisent à angles droits au centre, ensuite on prend dans un des angles l'intervalle qu'il y a entre l'angle et le cercle; portez cet intervalle de chaque côté de la ligne milieu, puis on tire des droites ou on abat les angles, et on obtient l'octogone circonscrit.

La figure 6 est un exagone inscrit.

La figure 7 est un triangle divisé en quatre parties égales en superficie; sur l'un des côtés on cherche le milieu; on décrit un demi-cercle, ensuite on divise ce côté en autant de parties que l'on juge nécessaire; ici on l'a divisé en quatre parties, tels sont les intervalles entre les petites lignes droites ponctuées; on apporte la pointe du compas sur l'extrémité de la ligne ou côté du triangle, et l'ayant ouvert sur le cercle à l'extrémité de la première petite ligne ponctuée, on décrit la petite courbe; puis on l'ouvre sur la deuxième, et on décrit la courbe; puis on l'ouvre sur la troisième, et on décrit la troisième courbe; ces courbes donnent trois points différents d'espace entre eux; on mène des parallèles au côté du triangle, et on a des bandes dont chacune est égale en superficie.

Les figures 8 et 9 sont des pentagones irréguliers; nous en parlerons aux solides, ne présentant pour le tracé que ce que la nécessité exige.

La figure 11 est un triangle rectangle; cette figure est

pour donner une idée du carré de l'hypoténuse et de la racine carrée qui lui est propre ; cette démonstration est très-utile aux ouvriers et plus particulièrement aux charpentiers à cause de la quantité de pièces disposées obliquement qui entrent dans la construction ; l'hypothénuse d'un triangle rectangle est le grand côté ; si on divise le grand côté en un nombre, ici il est de 5 multiplié sur lui-même, produit le nombre 25 ; (si le grand est connu), 3 de ces mêmes parties se trouvent sur le petit côté du triangle ; les 3 multipliés par eux produisent 9, l'autre côté contient 4 de ces mêmes parties mulpliées sur elles, produisent 16 ajoutés à 9 donnent 25 ; donc ceci prouve que le carré de l'hypoténuse est dans tous les triangles rectangles égal aux deux autres côtés ; mais pour savoir de quelle utilité il peut être dans la construction, et à quoi on doit l'appliquer, il suffira de dire si c'est en charpente, par exemple, pour connaître la longueur d'une pièce oblique, soit arrêtier, soit arbalètrier, etc.

Si l'éloignement qu'il y a du pied du poinçon au bout de l'arrêtier est de 4 mètres, et que la hauteur de l'aiguille ou poinçon soit de 9 mètres, on dira :

$$4 \times = 16 + 3 \times = 9 = 25$$

ou 4 multiplié par 4 donnent. 16

3 multiplié par 3 donnent. 9

ensemble. 25

Si on extrait la racine carrée de 25 qui est 5, on sera sûre que l'arbalètrier doit avoir 5 mètres de longueur ; il en est de même pour mesurer le toit ou couverture d'un comble connaissant la moitié de la base du comble et la

hauteur, calculer la hauteur sur elle-même, c'est-à-dire,
par exemple, la hauteur serait de 6 mètres,

on dira, 6 fois 6 font 36, ou $6 \times = 36$
la moitié de la base qui serait de 8 mètres,
8 fois 8 font 64 ou $8 \times = 64$

on réunit les deux sommes ensemble 36

et. 64

ensemble. 100

La racine carrée de 100 est 10, donc les chevrons
auraient 10 mètres de longueur.

En maçonnerie, pour trouver un angle coupé de telle
quantité qu'il faudrait, par exemple.

Soit proposé de couper l'angle d'un plan pour établir
une porte sur l'angle considéré comme le grand côté du
triangle; on prendrait 9 pieds, mesure ancienne, ou
3 mètres sur 8 pieds de l'autre côté, ou 2 m. 66, on
demande combien l'angle aura de longueur quand on
aura coupé ou détruit ces deux sommes; on calculera les
9 pieds sur eux, et on dira 9 fois 9 font. . 81

Puis on dira 8 fois 8 font 64. 64

ensemble. 145

La racine carrée sera de 12 pour 144, donc l'angle sera
de 12 pieds ou 4 mètres (1).

------

(1) Je me sers de cette expression de pieds, que j'entends par un
tiers de mètre, vu que les ouvriers ont toujours l'habitude de mesurer
de cette manière.

De la Cycloïde et des propriétés du cercle.

La figure 1re de la planche IV est une courbure engendrée par un cercle, qui, par son extension, décrirait cette courbe : elle est connue en géométrie sous le nom de cycloïde (1); c'est, en coupe de pierre, le cintre qui convient à une voûte qui a 22 mètres de longueur sur 7 mètres de hauteur, elle indique ce qu'on doit entendre par la raison de 7 à 22 ; c'est que le diamètre d'un cercle étant divisé en 7 parties égales, il s'en trouve 22 sur la circonférence. Mais il existe entre elles de petits arcs qui, s'ils étaient droits, augmenteraient l'extension ; voilà pourquoi on n'a pas défini la quadrature du cercle. Cependant dans les arts, et surtout en construction, on se sert toujours de ce moyen pour toiser les surfaces des cercles ; mais ces moyens ne sont pas à la portée de tous les ouvriers, qui, la plupart, n'ont que de simples notions d'arithmétique. Pour leur faire comprendre comment on doit mesurer un cercle, il ne s'agit que de mesurer la moitié de la circonférence, en formant onze divisions qui tendent toutes au centre, et qui sont autant de rayons, *fig.* 3 ; ces divisions étant étendues sur une ligne droite, *fig.* 2, ont formé entre elles onze triangles ou lignes. Si on remplit les intervalles de ces onze triangles par onze autres triangles de même dimension, on aura vingt-deux triangles ; car on doit observer que les triangles ponctués sont deux demi-largeurs, et qu'ils

---

(1) Nous donnerons une plus ample explication de cette courbe à l'article *Coupe de pierres.*

présentent vingt-deux triangles au total : ces triangles rassemblés forment un parallélogramme rectangle ; par exemple, 11 mètres sur 3 m 5o, ensemble 38 m. 5o, qui seraient le produit de la superficie du cercle. Mais il est rare qu'on ait des nombres sans fraction; alors on les divise par partie de 7 à 22, et on obtient le même résultat. Ainsi, on doit comprendre que c'est la moitié de circonférence 11, par la moitié du diamètre 3 1/2, qui doit donner solution pour avoir juste l'extension du cercle. M. Fourneau nous donne, comme sa propriété, la formule, *fig.* 24.

On tire une ligne, qu'on croise à angle droit par une autre ligne ; sur l'intersection de ces lignes on décrit un cercle ; ensuite, on met deux fois l'ouverture du compas du centre du cercle, sur la ligne perpendiculaire, et on fixe un point; on mène de ce point une parallèle à l'horizontale, qui est A, B; on pose la pointe du compas sur la ligne perpendiculaire et sur la ligne a, b ; on l'ouvre au centre du cercle; on décrit le demi-cercle jusqu'en a, b : ce demi-cercle coupe le cercle dans deux points; de ces points on tire les lignes prolongées de a en e, et de b en f. Quand ces lignes touchent la ligne horizontale, on pose le compas de E en A, et on décrit la partie de cercle A, C ; on rapporte la même ouverture de F en B, et on décrit la courbe B, D, ce qui donne la longueur de la circonférence du cercle de c en d. Il faut remarquer que la circonférence du cercle est comprise dans le demi-cercle, comme dans la ligne droite.

SECTION II.

DES SOLIDES.

Des Polyèdres.

Les polyèdres sont des solides qui relèvent de la sphère ; ils ne sont pas compris dans les solides réguliers ; néanmoins ils peuvent être considérés comme prismatiques et pyramidales.

La figure 5 est un tétraèdre. La figure 6 est son développement : il ne s'agit que de décrire un triangle équilatéral ; de ce triangle en faire trois plus petits, comme l'indique la figure ; découper le plein sur le triangle qui est au milieu ; réunir les trois autres angles, et on aura une petite pyramide qui présentera quatre triangles équilatéraux.

La figure 7 est un dé ou exaèdre, figuré de six côtés, qui forment six carrés réguliers.

La figure 8 est le développement : il s'agit de découper, plier et réunir, et on aura l'exaèdre, qui aura la forme d'un dé.

La figure 9 est un octaèdre ou figure à huit côtés, qui sont huit triangles équilatéraux.

La figure 10 est le développement : découpez, pliez et réunissez, et vous aurez l'octaèdre.

La figure 11 est un dodécaèdre, ou figure à douze côtés, qui sont douze pentagones réguliers.

La figure 12 est le développement ; découpez, pliez et réunissez, et vous aurez le dodécaèdre.

La figure 13 est un icosaèdre, ou figure à vingt côtés, qui sont vingt triangles équilatéraux : il s'agit de voir le développement, *fig.* 14, et on aura l'icosaèdre.

Des Solides réguliers (pl. V).

Nous avons dit, dans notre Avis au Lecteur, qu'on reconnaissait dans les solides cinq corps réguliers, qui sont le prisme, la pyramide, le cylindre, le cône et la sphère.

Le prisme est un solide formé par des parallèles sur toutes surfaces polygonales.

La figure 1ᵉ est un prisme pentagonal.

Une pyramide est un solide qui s'élève sur toutes surfaces polygonales, et se termine en pointe comme la figure 2.

Un cylindre a pour base un cercle, et s'élève entre des parallèles : telle est la figure 3.

Un cône a pour base un cercle et se termine en pointe ; telle est la figure 4.

Une sphère est un solide, dont la base est un cercle semblable à sa hauteur : telle est la figure 5.

Mais ces solides sont susceptibles d'éprouver bien des changements de formes, d'attitude, de section, de pénétration, etc. Nous allons donner une idée exacte des difficultés qu'ils peuvent présenter par leurs changements.

Sections des Solides.

La figure 6 est un prisme triangulaire équilatéral; d'abord on a tracé la projection horizontale, qui est un triangle équilatéral; ensuite on a élevé au-dessus le prisme qu'on a tronqué obliquement ; la section oblique ayant changé la forme du plan, on a tracé la figure 7 en prenant la longueur de la ligne oblique du prisme, qui forme la section *a*, *b*, *c*, qu'on a mis sur la ligne *a*, *b*. On a, sur le milieu de cette ligne, élevé la perpendiculaire ponctuée; ensuite on a pris sur le plan A la longueur de la ligne ponctuée de *c* en *e*, et on l'a rapporté sur la figure 7, de *e* pour avoir *c* sur la perpendiculaire; de ce point, on a mené les droites *a*, *e* et *b*, *e*, ce qui nous donne la forme que présente la section par rapport à son obliquité.

Le développement se fait en prolongeant la ligne qui sert de base au prisme, et sur cette ligne on a pris la longueur de *c* en *b*, qu'on a portée sur la ligne du prisme en *c*; puis on a pris de *a* en *c*, qu'on a rapporté de *c* en *a* sur les lignes de développement, et on a élevé des droites jusqu'alors indéfinies; ensuite on a mené du point *a* la ligne ponctuée *a*, *a*; ensuite, toujours sur la section au point *c*, la ligne ponctuée *c*; et des points *b*, *c*, *a*, on a mené la ligne de pente qui donne la forme de chaque pan. Il s'agit d'examiner avec attention le rapport que peut avoir cette pièce, et on aura la facilité de lever les difficultés qu'elle pourrait présenter.

La figure 8 est un prisme quadrangulaire, tronqué obliquement. Le parallélogramme A est la projection ou premier plan. La face du prisme *c* est la projection verticale ou élévation géométrale. Les pans B, D, E sont le développement.

La figure 9 est la forme du parallélogramme, ralongée à cause de l'obliquité de la section. Si on découpait les contours du développement sur les lignes pleines, on aurait le solide tel qu'il doit exister, et les lettres ou cottes seraient en rapport.

La figure 10 est un prisme pentagonal, tronqué en

partie obliquement; on a tracé la projection ou plan A;
on a élevé des incidentes qui expriment les angles et les
côtés au plan géométral; ensuite on a coupé obliquement
le prisme dans la direction de B, C : cette section a coupé
les angles D, E au point F; ensuite, pour présenter la
forme que donne l'obliquité, on a tiré des petites lignes à
angles droits sur les points B et F : ces lignes jusqu'alors
indéfinies, on a pris sur le plan A les longueurs où les
lettres sont répétées; de la ligne milieu à chaque point
D et E, on a porté les longueurs sur la ligne qui croise la
ligne oblique de F en E et de F en D; on a fait la même
opération sur la ligne B retournée à angle droit, en venant prendre sa longueur en plan sous la ligne d'incidence lui correspondant, et on a tracé le pentagone
B, C, D, E qui se trouve ralongé. Si, sur le plan de première projection, on n'avait pas de ligne milieu, on prendrait tout l'espace qu'il y a de D en E, qu'on diviserait
en deux pour être porté en élévation. Le développement
se fait en tirant une ligne, *fig.* 11, sur laquelle on mettra
les cinq côtés du pentagone, en ayant soin de les disposer de manière à ne pas prendre un pan ou face du
prisme pour un autre : celui-ci doit se réunir à l'angle G
des points posés sur la ligne élevée des lignes qui repré-
senteront les angles du prisme, en comptant les deux
extrêmes pour une. Vous prendrez ensuite, à partir de la
ligne de base du prisme, les hauteurs du solide sur sa
ligne de section, que vous rapporterez sur chacune de
celles du développement, et vous obtiendrez les hauteurs
et l'obliquité de chaque face; vous pourrez découper,
plier et réunir, et vous aurez le prisme.

La figure 12 est encore un prisme, mais il est exagonal ou

à six faces; il est tronqué par deux sections obliques, il s'opère par les mêmes moyens que les précédents; il faut remarquer que sur la ligne de base *b c*, projection verticale et prolongée, et c'est sur cette prolongation *fig.* 13, on a mis les côtés du plan *a*, et de ces pointes on a élevé des lignes qui se trouvent coupées par des lignes ponctuées, venant des sections obliques du plan géométral, et qui correspondent à leur angle respectif; il s'agit d'examiner et suivre les lignes, se familiariser avec, et on aura la solution.

La figure 14 est la forme de la double section; en la pliant sur la ligne *d*, sa largeur étant la même qu'en plan, elle vous donne un exagone ralongé.

REMARQUE SUR LES PRISMES.

Il faut remarquer que tout ce qui s'élève entre des parallèles et qui produit des côtés ou faces, est considéré avoir la forme prismatique, tel soit le plan sur lequel il s'élève.

Des Pyramides tronquées (pl. **VI.**)

Nous avons déjà dit que tout corps solide qui s'élève sur un poligone et se termine en pointe, est pyramidal.

La figure première de cette planche est une pyramide triangulaire équilatérale tronquée obliquement.

D'abord on a construit la projection horizontale ou plan de terre sur lequel on tire trois lignes diagonales, 1, 2 et 3. Sur les angles on a formé la projection verticale qui est considérée par rapport au développement comme un des côtés, on a formé la section oblique ou ligne marquée 2, des extrémités de laquelle sont descendues deux incidentes qui coupant les diagonales en plan, donnent les correspondants.

Pour obtenir le point 2 en plan, on a pris du point 2 en élevation et sur une petite ligne ponctuée qui sort du point 2 d'équerre à la ligne milieu jusqu'à la divergence formant le côté de la pyramide ; cette longueur de petite ligne fût portée en plan du milieu sur la diagonale qui est en face marquée 2, ce qui a produit le petit triangle isocèle éclairé en plan ; ensuite on a procédé au développement qui fut fait en posant la pointe du compas sur le sommet de la pyramide et sur la longueur d'un de ses côtés ; on a décrit une partie de cercle sur laquelle on a posé les côtés du triangle équilatéral ; et sur ces points on a mené au centre du sommet de la pyramide les lignes 3 et 1 ; cette dernière n'était qu'une demi-ligne qui se réunit au côté de l'élevation n° 1 ; ensuite on a pris la partie ponctuée sur la ligne 1 du point de sommité au point 1 ; on a porté cette longueur sur la ligne de développement 1 ; ensuite on a pris de la petite ligne ponctuée au point de sommité sur la ligne 2 qu'on a porté sur la ligne 3, et du point de section ligne 2 des points portés sur les lignes 3 et 1, on a tiré deux petites lignes obliques qui donnent la forme des deux côtés de la pyramide par rapport à sa section oblique.

Pour avoir la forme de la bouchure que donne la section, on prendra en plan sur le triangle éclairé où se projette le tronc dans la direction 1 et 3 ; on portera cette longueur sur une ligne *fig.* 2, aux points 3 et 1 ; ensuite on prendra en plan, *fig.* 1re, le côté clair du triangle du côté 1 ; on portera cette longueur en élevation sur une petite ligne horizontale ponctuée qui est tirée à

l'extrémité supérieure de la section du milieu au point 1 ;
de ce point on ouvre un peu le compas qu'on descend
sans changer la pointe de 1 en 2 ; cette ouverture se rapporte au point 1 en sectionnant vers le point 2, *fig.* 2 ;
ensuite on prend en plan *fig.* 1re, la partie du triangle
clair du côté de 2 en 3 qu'on porte sur une horizontale
tracée à l'extrémité inférieure de la section du milieu au
point 3 ; ensuite on ouvre le compas sans changer la
pointe 3 sur le point 2 ; vous rapporterez cette ouverture
sur le point 3 *fig.* 2, en sectionnant vers 2 ; cette section
de compas coupera la première section, et du point d'intersection 2 aux points 1 et 3, tracez le triangle scalène
oxigone qui sera la bouchure de la section oblique.

La figure 3 est une pyramide quadrangulaire tronquée
obliquement ; on a tracé la projection horizontale en
traçant un carré régulier des angles duquel on tire des
diagonales qui expriment les arêtiers ; au-dessus est élevé
la projection verticale ou élévation géométrale qui exprime un des côtés de la pyramide ; la coupure ou section
oblique termine les hachures, le reste ponctué n'existe
plus ; des extrémités de l'oblique formant la section on
a descendu des incidences sur les angles 1, 2, 3, 4 : en plan
de ces points on a formé le trapèze clair du plan.

Le développement s'est fait en prenant un des côtés
de la pyramide et du point de sommité ; on a décrit une
partie de cercle, sur laquelle on a posé les trois côtés du
plan ; on a tiré des lignes au point commun, et on a obtenu les trois triangles isocèles 2, 3, 4, qui, avec un qui
forme la projection verticale, forment les quatre côtés de
la pyramide ; ensuite ayant posé le compas sur le sommet
de la pyramide, on l'a ouvert à l'extrémité supérieure de

la section ; on apporte cette longueur du triangle 2 ; puis, sans déranger le compas du sommet, on a pris la partie inférieure de la section qu'on a portée sur les lignes du triangle 3 et 4, comme l'enseigne une petite partie de cercle ponctué ; de ces points on a mené la petite ligne droite 1 et 2 ; puis du point 1, la petite oblique du triangle 3, se raccordant à droite du triangle 2, et on a formé des triangles qui deviennent trapézoïde à cause de la section.

Pour avoir la forme de la bouchure, on tire dans le milieu de la petite ligne droite, 1 et 2, du triangle 4, une ligne milieu qui correspond au sommet. Sur cette ligne qui est ponctuée, on met la longueur de la ligne oblique qui forme la section, et de cette longueur on tire une petite parallèle 3 et 4, sur laquelle on met la largeur qui est en plan au chiffre 3 et 4, et on trace le trapèze ralongé 1, 2, 3, 4, au développement.

REMARQUE.

Il est à observer que les pyramides dans leur projection verticale n'expriment pas leur véritable hauteur, mais seulement un de leurs côtés ; les lignes ponctuées qui terminent le sommet de chaque, sont exprimées en plan par les angulaires ponctuées dans les clairs.

La figure 4 est une pyramide pentagonale tronquée obliquement ; pour la tracer, on a décrit un cercle qu'on a divisé en cinq parties égales des points ; on a tracé le pentagone, puis du centre à chaque angle, on a tiré les diagonales 1, 2, 5, 4, 3 ; et de chaque angle du pentagone on a élevé par des incidentes les arétiers 1, 2, 3, 4, 5, élevation géométrale qu'on a menée en pointe au point de sommité ; on a ensuite fait le tronc oblique de la

ligne de section où se termine les hachures ; on a mené
des petites lignes horizontales jusque sur une ligne ponctuée, qui, prise au périmètre du pentagone, exprime la
véritable longueur des arêtiers. Les petites lignes sont
prises sur les points où la ligne oblique coupe les lignes
d'arête de ces mêmes points sur la section ; on a descendu des incidentes sur les diagonales du plan, qui sont
les arêtiers projetés de la pyramide où ces incidentes ou
lignes ponctuées rencontrent les diagonales du plan ; on
mène de l'une à l'autre les lignes droites qui nous donnent le pentagone irrégulier et clair.

Le développement, *fig.* 6, se fait en prenant la longueur
de la ligne ponctuée, *fig.* 4, qui va du sommet à la base,
à côté du chiffre 5, et sur laquelle sont arrêtées quatre
petites lignes ponctuées à la hauteur de la section de cette
ligne ; vous décrivez une partie de cercle, *fig.* 6, sur laquelle
vous mettez les cinq côtés du pentagone ; des ces divisions
au point qui a servi à décrire la partie de cercle, vous
menez des divergentes ou lignes représentant les arêtiers
1, 3, 5, 4, 2, 1 ; sur ces lignes vous prenez les points donnés par les petites lignes ponctuées en élevation géométrale pris sur la ligne ponctuée, ayant soin en regardant
les chiffres 1, 2, 3, 4, 5, sur la base, de prendre les longueurs correspondantes en commençant par le point le
plus haut, projection verticale, engendrée par le n° 1 ;
vous l'apportez sur les deux lignes du développement,
sur les lignes 1 et 1 ; le point engendré par la ligne 2 en
élevation, que vous portez toujours au développement sur
la ligne 2 ; celui donné par la ligne 3, rapporté sur la ligne
3 au développement ; celui de la ligne 4 sur la ligne 4, et
le 5ᵉ ou le plus bas, sur la ligne 5 au point le plus bas :

de ces points, menez des droites. et vous aurez la forme de chaque pan ou côté, rapport à la coupure oblique.

La figure 5 est la bouchure ; pour l'obtenir, on prend la longueur de la ligne de section, et tous les points qui sont sur cette ligne ; on place cette longueur sur une ligne, *fig.* 5, et on prend en plan le petit triangle rectangle que donnent les incidentes, et une ligne passant par le centre qui exprime en plan la ligne oblique en élévation, et on trace le pentagone irrégulier par les points où les chiffres correspondent.

La figure 7 est une pyramide exagonale tronquée obliquement ; elle se trace de la même manière que la précédente, excepté que sa disposition nous dispense d'avoir une ligne ponctuée pour avoir la longueur des arêtiers ; les deux côtés de la pyramide en élévation étant les véritables longueurs, il ne s'agit que de suivre les chiffres correspondants, et on aura solution : de plus, pour faciliter l'intelligence, copiez le développement, découpez-le, pliez-le sur sa ligne, réunissez ensuite 4 et 4 en plan, ayant soin de laisser la bouchure qui est au milieu, et vous aurez la pyramide tronquée obliquement.

La figure 9 est une pyramide eptagonale, tronquée obliquement sur sa base ; ayant décrit un cercle, projection horizontale, et l'ayant divisé en sept parties égales, on a mené des droites pour les côtés et les diagonales ; on a élevé les angles sur la ligne de base, et une verticale ou cathète ; on a tiré les arêtes au sommet, et on a tracé l'élévation géométrale, ensuite on l'a coupée sur sa base par une section oblique, sur chaque point d'intersection ; on a descendu des incidentes sur les rayons ou arêtiers projetés, et sur les côtés représentant la base en élévation, on a tracé l'eptagone irrégulier haché en plan ; pour obtenir la bouchure, *fig.* 10, on a pris la longueur de la section oblique en élévation, et tous les points d'intersection des arêtiers qui s'y trouvent, on les a portés sur une ligne, *fig.* 10, et de ces points on a tiré à angle droit les petites lignes horizontales ponctuées, ensuite on est venu en plan et à partir de la petite ligne ponctuée, sur chaque incidente et sur les points des arêtes ; vous prendrez les intervalles qu'il y a, et vous les porterez sur les petites lignes horizontales, *fig.* 10, aux chiffres correspondants, et vous tracerez la figure 10, qui est un pentagone très-irrégulier.

Le développement, *fig.* 11, se fait de la même manière que les précédents, et pour rapporter les points de section, on mènera des petites horizontales, prises sur la ligne oblique en élévation, aux chiffres 1, 2, 3, 4 ; puis, les prenant sur la ligne où ils sont arrêtés, vous les rapporterez sur les lignes de développement 3, 5 et 5, 4, 2, 6 ; il faut observer que le point 6 étant sur la base, on prend l'intervalle qu'il y a entre le rayon et le point, où se termine la section en plan, pour le rapporter sur la ligne de base en développement ; ensuite, tracer les obliques qui forment la section ; les lignes ponctuées sont la partie qui n'existe plus.

La figure 12 est une pyramide octogonale, tronquée par une section horizontale et une verticale ; les parties claires en plan, expriment la partie retranchée ; la section horizontale projetant un petit octogone régulier. La bouchure qui convient à la section verticale, est la figure 13 ; il ne s'agit, pour la construire, que de voir le chiffre correspondant en plan pour la largeur, et en élévation pour la hauteur ; la figure 11 est semblable au clair du plan.

Le développement, *fig.* 15, se fait de la même manière que les autres, et le rapport des lignes tronquées se prend aux chiffres correspondant en élévation 2, 3 et 0.

REMARQUE SUR LES PYRAMIDES TRONQUÉES.

Il faut examiner à quel rapport peuvent s'appliquer ces différentes figures et leurs sections ; se familiariser au jeu ou mécanisme des lignes, et savoir que les développements sont ce que les ouvriers appellent des herses.

Des cylindres (pl. VII).

Le cylindre est un solide qui a pour base un cercle, et qui s'élève entre des parallèles.

La figure 1 est un cylindre autour duquel on a tracé une hélice ; l'opération se fait en décrivant le cercle, comme projection horizontale, qu'on a divisé en autant de parties qu'on a jugé à propos ; des points de division 1, 2, 3, 4, 5, 6, 7, 8, 9, 10, 11 et 12, on a élevé des lignes pour former l'élévation géométrale ; les lignes étant élevées, on a tracé la ligne hélice en divisant la hauteur qu'on veut donner, en autant de parties qu'il y a de lignes pour faire un tour ; observez que si c'était pour le tracé d'un escalier à noyau cylindrique, on calculerait la hauteur de l'étage, pour être en rapport avec l'espace de l'emplacement ; on prendrait, en commençant par le bas aux divisions *l, k, j, i, h, g, f, e, d, c, b, a*, la première par le bas *l*, avec celle marquée en plan par le chiffre 1 ; celle en *k*, avec celle 2 du plan ; celle en *j*, avec celle 3 du plan ; et ainsi de suite jusqu'en *g* ; ensuite, comme la division sur le cercle est en nombre pair, il y a deux lignes qui se trouvent dans la même direction ; c'est ce qui fait que quand la ligne transversale *h* forme une hauteur, la ligne 5 est représentée par la ligne 7 du plan, ce qui forme le tracé du derrière.

Pour mettre cette pièce en rapport avec un escalier à courbe, on a tracé une bande d'une largeur de deux lignes, cette idée, quoique confuse, n'en est pas moins le principe de l'escalier. Le développement se fait en mettant sur la ligne de base prolongée, toutes les divisions qui sont sur la circonférence du cercle; ce qui en fera l'extension, excepté que les petits arcs résultant de chaque intervalle de division, étant considérés comme des droites, il en résulte que l'extension n'est pas complète; cependant elle est suffisante, et dans la construction on péut tolérer ces sortes d'erreurs.

Les divisions étant faites sur la ligne, on a élevé autant de lignes de la hauteur du cylindre; ensuite on a mené la division de hauteur correspondant aux lettres alphabétiques; puis, des points d'intersection, on a tiré la bande oblique, qui est l'hélice étendue; car si on réunit les deux extrémités du développement, on verra l'hélice comme aux cylindres.

La figure 2 est un cylindre tronqué obliquement; on a, comme à la figure 1re, tracé le plan et élevé les divisions, ensuite on l'a coupé obliquement; on a prolongé la ligne de base pour mettre la division comme à la figure 1re; on a élevé les lignes indéfiniment; puis, sur chaque point de division, de A en R, de *q* en *q*, de *p* en *p*, de *o* en *o*, de *n* en *n*, de *m* en *m*, de *p* en *t* et de R en B, on tracera la ligne sinueuse, qui sera la forme du cylindre coupé obliquement. Développer la forme de la section oblique, est une ellipse qui s'obtient en prenant sur la ligne oblique de *a* en R tous les points d'intersection qui s'y trouvent ; on les porte ensuite sur une ligne *a*, *q*, *p*, *o*, *n*, *m*, R, qui se trouve au-dessous du développement de ces points, et traverse cette ligne par d'autres croisées à angles droits ; ensuite, prenez en plan la largeur ou intervalle qui se trouve de la ligne milieu à la circonférence ; et sur les lignes de division, vous reporterez ensuite ces mêmes intervalles sur les petites lignes de l'ellipse, en répétant autant de fois sur les points marqués sur ces lignes ; vous tracerez à la main la cerce ou fournette, les contours de l'ellipse, et vous aurez la forme de la section oblique du cylindre.

La figure 5 est la manière de tracer une vis : elle ne diffère de la figure 1re que sur les hauteurs des divisions ; mais nous devons quelques observations sur le tracé d'une vis. Il est d'habitude, parmi les charpentiers, de diviser la vis en huit lignes parallèles entre elles, en s'y prenant comme il a été dit au tracé d'un octogone circonscrit, *pl.* III, *fig.* 5 ; mais on est souvent indécis sur la grosseur des filets qu'on appelle pas de la vis : il n'y a pas de règle qui détermine la grosseur de la vis ; car il est reconnu, en mécanique, que ce qu'on gagne en force on le perd en vitesse· Ainsi une vis, qui aurait un grand pas, presserait plus vivement ; mais il faudrait plus de force, le noyau serait plus faible, et par conséquent plus susceptible d'être tordu. Si, au contraire, le pas est plus petit, la vis pressera avec plus de lenteur, mais il faudra moins de force, et le noyau sera plus fort, les filets seront plus susceptibles de s'ébouler, et la vis de passer à travers son écrou. C'est pourquoi, quand rien n'oblige d'employer ni force ni vitesse, on prend le terme moyen, qui nous a paru être le cinquième de la circonférence, c'est-à-dire divisez l'extérieur de la vis en cinq parties égales; vous tirez une ligne sur une de ces divisions; vous décrivez un cercle tangeant à cette ligne : tel est le cercle ponctué au plan de la vis. La distance qu'il y a entre un cercle et l'autre, est la moitié du pas; le pas étant dit à grain d'orge, est la moitié d'un carré régulier, *fig.* 5 : on divise ce carré sur la diagonale, en autant de parties comme on a tracé de lignes sur le cylindre ou fût de la vis : celui-ci est en huit. En commençant par le diviser en deux, puis la moitié en deux, puis le quart en deux, on aura les huit divisions; on tracera sur le fût de la vis un trait d'équerre que les ouvriers appellent trait carré, qui fera le tour du fût; puis on prendra une division du pas qu'on portera sur la deuxième ligne, ensuite deux sur la troisième, trois sur la quatrième, quatre sur la cinquième, cinq sur la sixième, six sur la septième, sept sur la huitième, et huit sur celle où on aura commencé, ce qui fera le tour de la vis : le reste se fera en portant sur toutes les lignes, à partir de la première révolution de l'hélice, et le tracé sera fini. Il faut faire attention si la vis tourne à droite ou à gauche; on appelle tourner à droite, celle qui commence de gauche à droite par le bas. Le développement, *fig.* 4, se fait comme à la figure 1re, avec cette différence qu'on a étendu le cercle par la formule.

Des Ellipses ou Ovales.

Toute ellipse est supposée une section oblique du cylindre; on doit entendre, par ellipses, celles qui sont fixées par des largeurs et longueurs; les autres sont des ovales. Cependant il serait plus convenable d'appeler ovale la forme de la section oblique d'un cône, parce

qu'en effet elle présente la forme d'un ove des chapi-
teaux ioniques et composites ; mais nous ne nous arrêterons pas à la dénomination. Il nous suffira de dire que
les ellipses et ovales cylindriques sont d'un grand secours
dans la construction, et que les ouvriers tailleurs de
pierre, charpentiers, menuisiers, ont très-souvent besoin
de ces sortes de cintres.

La figure 6 est une ellipse ou ovale fixe ; pour l'obtenir,
on croise à angles droits deux lignes qui se coupent en o,
et se prolongent indéfiniment sur les lignes. On a fixé les
points c, c pour les longueurs et les largeurs, aux points
où passent les flancs de l'ellipse ; de ces points de largeur
aux points de longueur c, c, on a tiré une diagonale c, B ;
ensuite on a pris moitié de la largeur du point o au point B,
on l'a abaissé sur la ligne e, e au point G ; on a pris l'intervalle qu'il y a de g en c, et on l'a porté sur la ligne
oblique en B, pour obtenir le point qui est sur cette oblique ; de ce point on a ouvert le compas pour faire une
section vers R et P, en portant la pointe du compas en c.
Pour croiser les premières sections des points d'intersection, tirez la ligne oblique, prolongez vers p, qui coupera la
ligne c, c au point A ; ensuite on prendra de ce point au
centre o, et on le portera sur la même ligne pour l'autre
point A ; on prendra du centre O, au point P, la distance
qu'il y a pour la porter sur la même ligne, pour avoir un
point opposé à P ; de ce point, et des points A, A, vous
menez les divergentes S et R, prolongées indéfiniment ;
puis, du point P, passant par le point A, vous tracez la
ligne i ; ensuite vous posez le compas sur le point P, vous
l'ouvrez en B, et vous tracez le segment qui se trouve entre
les divergentes i, j ; vous apportez le compas vers A sur

le point d'intersection, vous le fermez en *c*, et vous vous assurez si les points *i* et *j* sont en rapport; vous tracez les petits segments ou bouts de l'ellipse; vous reportez le compas sur le point opposé à P, et vous tracez le segment qui termine l'ellipse en P.

La figure 7 est une ellipse de M. Cassini. On croise deux lignes à angles droits, sur lesquelles on fixe la largeur et la longueur de l'ellipse; ensuite on prend la moitié de la longueur qu'on apporte sur la largeur entre 4 et 5; et sur la ligne milieu on sectionne à droite et à gauche sur la grande ligne aux points B; on rapporte le compas au milieu, et des points B on décrit la demi-circonférence ponctuée, qu'on divise en autant de parties qu'on le juge convenable : ici elle est de huit intervalles; de ces points on descend des lignes : telles sont les lignes ponctuées qui, sortant du cercle, s'arrêtent sur les lignes. Puis vous ouvrez le compas de G à la première ligne de division, et de cette ouverture vous mettez la pointe du compas sur le point B, qui est le foyer des parties de cercles qui doivent concourir à tracer l'ellipse. En commençant par le petit cercle 1, vous reportez le compas en G; vous l'ouvrez à la deuxième ligne de division; et remettant le compas en B, vous tracez la partie de cercle 2; vous reportez le compas en G, vous l'ouvrez à la troisième ligne de division, et vous le reportez en B pour tracer la partie de cercle 4, ainsi de suite; et quand vous êtes à la dernière, vous refermez le compas d'une division en L, vous reportant en B, et vous croisez les premières parties de cercles par d'autres 1, 2, 3, 4, 5, 6, 7, 8; où les cercles se coupent, on tracera à la main ou à la fournette les intervalles, et on aura une ellipse.

(35)

La figure 8 est une ellipse tracée sur les angles des triangles rectangles. M. Losanam l'employa dans sa gnomonie pour un cadran solaire.

Pour l'obtenir, on croise une ligne à angle droit ; puis, pour fixer la largeur, on trace un cercle, et pour la longueur encore un cercle ; on divise, sur le grand cercle, en nombre pair, autant de divisions qu'on le juge convenable ; de ces divisions on mène des parties de rayons qui, s'arrêtant sur le petit cercle, donnent une division semblable en nombre à celles du grand cercle ; vous menez, des divisions du petit cercle, des petites lignes parallèles à la ligne L, H ; puis vous menez, des divisions du grand cercle, des petites parallèles à la ligne A, T : ces lignes se croisant à angle droit, nous donnent l'ellipse ou ovale gnomonique, en réunissant, soit à la main, soit à la cerce, les intervalles qu'il y a entre les triangles.

La figure 9 est un ovale non borné, qui s'obtient en traçant quatre lignes parallèles de deux en deux, se croisant, comme l'enseigne la figure ; et les points d'intersection sont les foyers des petits secteurs. Les points de réunion des divergentes sont les foyers des grands secteurs.

La figure 10 est un ovale qu'on obtient en traçant deux cercles, dont les circonférences passent par les centres de leur intersection ; vous ouvrez le compas sur la partie la plus convexe du cercle, et vous tracez le grand segment.

REMARQUE SUR LES CYLINDRES ET LES ELLIPSES.

Il faut remarquer que les sections cylindriques obliques sont très-utiles en construction pour la coupe des pierres ; c'est une porte biaise en un talus, une pénétration biaise, la rencontre de deux berceaux, etc. Si on examine avec soin, on verra que les developpements sont les panneaux de douelles ; en charpente, c'est sur les différents cintres qu'il faut disposer ; le tracé de l'hélice, c'est celui de l'escalier ; la vis est fort utile en charpente.

En menuiserie, c'est le fût des colonnes d'assemblage, en considérant que les développements sont les parties qui doivent les composer. Nous parlerons plus amplement des rapports d'un cylindre à la colonne d'assemblage, à l'article menuiserie.

Pour les tôliers, plombiers, couvreurs, le développement se rapporte à toute partie circulaire employée dans les combles, tels que coude de corps, garniture de fronton circulaire et son raccordement entre le grand comble dans les noms ; enfin, il ne s'agit que de donner un coup d'œil avec attention, et on pourra tirer bien des avantages de cette planche.

Des sections coniques (pl. VIII.)

On reconnaît cinq sections coniques ou cinq manières de couper le cône ; couper le cône en passant par la verticale, présente un triangle isocèle ; couper un cône horizontalement, présente un cercle ou forme circulaire ; couper un cône par le sommet d'une section oblique, présente une ellipse ; couper un cône sur sa base par une section oblique qui forme une parallèle à un de ses côtés, est une section parabolique ; couper un cône par une section verticale parallèle au diamètre, est une section hyperbolique. Mais nous ne parlerons pas des deux premières sections qui ne présentent aucune difficulté.

La figure 1re est un cône tronqué par une section ellip-

tique; après avoir décrit un cercle et ensuite divisé en
autant de parties qu'on a jugé convenable, on a tiré de
ses divisions des rayons qui projettent en plan la même
quantité de divergentes qui forment le cône; on a élevé
sur le cercle des points de division, de petites incidentes
ponctuées, et arrêtées sur une ligne horizontale formant
la base du cône; ici on a eu soin de faire la division en
nombre pair pour éviter la confusion des lignes; de ces
lignes ou incidentes, on a formé le cône qu'on a tronqué
obliquement sur la ligne de section; on a mené d'équerre
à la verticale et sur tous les points que forme la section
en coupant les divergentes, de petites lignes ponctuées
qu'on a arrêtées sur la ligne projetant la longueur du
cône aux points i, j, a, e, l; des mêmes points pris sur
l'oblique, on a descendu sur le plan des lignes qui, coupant en plan les rayons correspondants aux divergentes
en élévation, on a obtenu la projection de l'ellipse, qu'on
a tracée sur les points j, i, i, a, a, f, e, l, l, e, e, et d; on
aurait pu obtenir cette projection en prenant en élévation,
et à partir de la ligne milieu, la longueur des lignes en
commençant par e qu'on rapportera en plan à partir du
centre sur les rayons e et c; ensuite prendre la ligne l toujours à partir de la ligne milieu, qu'on rapportera en plan
sur les rayons l, l, ensuite la ligne e qu'on rapportera sur
les rayons e, e; ces points en plan ne peuvent s'obtenir
que par ce procédé, on continuera jusqu'à j, et on aura
la projection de l'ellipse; mais pour avoir la forme ou
bouchure, on prendra sur la ligne de section oblique tous
les points d'où sortent les petites lignes horizontales qu'on
portera sur une ligne qu'on aura tracée, *fig.* 2, et sur les
mêmes points, on croisera la ligne à angles droits par

autant de petites lignes, puis on prendra en plan, *fig.* 1ʳᵉ, à partir de la ligne milieu et sur les lignes ponctuées qui la croisent à angles droits, les intervalles qui se trouvent de cette ligne aux points en commençant par *c, c,* qu'on portera sur la 1ʳᵉ ligne, *fig.* 2, et on marquera les mêmes points *c, c ;* ensuite on prendra en plan les intervalles *l, l,* qu'on rapportera sur la deuxième ligne aux points marqués des mêmes lettres, ainsi de suite, et on aura la forme de l'ellipse.

Le développement, *fig.* 3, s'obtient en prenant la longueur du cône sur l'un des côtés ; puis, fixant un point, on décrit avec cette longueur comme rayon une partie de cercle sur laquelle on porte les divisions qui sont sur le cercle, et de ces points on amène au point qui a servi de foyer pour tracer la partie de cercle, autant de lignes sur lesquelles on a porté les longueurs des divergentes coupées par la section, en commençant par le point *j*, *fig.* 1ʳᵉ, qu'on a rapporté sur les deux lignes extrêmes du développement au point *j* ; ensuite on a pris le point *i* qu'on a rapporté sur les deuxièmes lignes aux points *i, i* et on a continué jusqu'à *d* ; de cette manière, en ayant le soin, si on prend par le bas du cône, de rapporter sur le cercle, ou si on prend du sommet, de rapporter par le point le représentant, on obtient la forme que présente cette section en traçant la sinueuse *j, i, a, e, l, c, d,* produite par l'obliquité de la section.

La figure 4 est un cône tronqué par une section parabolique ; après avoir, comme à la figure première, tracé le plan de projection, élevé les incidentes, tracé le cône, on l'a coupé obliquement ; et des points que forment les divergentes sur la ligne de section *a, b, c, d, e,* on a descendu

d'autres incidentes qui coupent les rayons aux points
a, b, c, d, e; on a tracé la projection parabolique ; ensuite
on a pris sur la ligne oblique de la section ces mêmes
points a, b, c, d, e, qu'on a portés sur une ligne *fig.* 5, sur
lesquels points on a croisé à angle droit autant de lignes,
ensuite on a pris en plan, *fig.* 4, à partir de la ligne
milieu et sur les lignes ponctuées, les intervalles qu'il y a
de cette ligne aux points en commençant par les points
a, a, qu'on rapportera *fig.* 5, sur la ligne a pour fixer les
points a, a; puis on prendra en plan les intervalles b, b
qu'on rapportera sur la ligne b pour fixer les points b, b,
ainsi de suite jusqu'en e, et on aura la parabole ; ensuite,
pour procéder au développement, on mènera des points
a, b, c, d, e, *fig.* 4, des petites lignes horizontales sur le
côté ponctué du cône aux lettres correspondantes ; on
prendra ensuite la longueur de ce côté comme rayon, et
on décrira le développement, *fig.* 6, de la même manière
que la *fig.* 3 ; on prendra, *fig.* 4, sur la ligne ponctuée du
cône, les points a, b, c, d, e, qu'on rapportera au développement, en commençant par la longueur e, puis d, d,
ainsi de suite jusqu'en a, qu'on prendra sur le cercle,
fig. 4, pour être portés sur la partie de cercle ; du développement de ces points, on tracera la courbure qui sera la
parabole développée.

La figure 7 est un cône tronqué par une double section
elliptique et section hyperbolique.

Après avoir comme aux précédentes, tracé la projection,
élevé les incidentes et formé le cône, on l'a coupé sur sa
base par une section hyperbolique qui, prolongée, aurait
pu couper dans la même direction un cône formé par la
prolongation des côtés de celui-ci.

On a descendu cette section en plan marquée D A A A et arrêtée sur le cercle aux points 8 et 5 pour obtenir la forme de l'hyperbole; on a pris la longueur de la section, en élévation de la base au point A, et on a porté cette longueur sur une ligne *fig.* 8; on a pris ensuite en élévation, *fig.* 7, et sur la ligne de section, le point formé par la section de la divergente B, à partir de la base qu'on a porté, *fig.* 8, au point B; on a croisé ces points à angles droits et on est venu prendre sur le plan de la ligne milieu A, l'intervalle des points A A qu'on a rapporté, *fig.* 8, aux points D D, puis on est venu prendre en plan, à partir de la ligne milieu jusqu'au point formé par la coupure des rayons, l'intervalle qu'il y a, qu'on a porté sur la ligne B, *fig.* 8, ensuite on a tracé la courbe hyperbolique.

La section elliptique s'obtient comme à la figure première.

Le développement se fait comme les précédents, en observant de suivre exactement les lettres de celles qui sont répétées comme à la figure 8.

La figure 11 est un cône autour duquel on fait tourner une héliçoïde (1), d'abord on projette comme aux figures précédentes, on élève et on trace le cône, on le développe ensuite; et c'est sur le développement, *fig.* 12, qu'on trace cette ligne oblique qu'on nomme loxodromie ou ligne loxodromique; on obtient cette ligne en traçant des pieds des deux premières divergentes du développement, l'oblique n° 1, qui fait avec la base un triangle de tels degrés

---

(1) Je me sers de cette expression, parce qu'une hélice est une ligne qui s'applique au cylindre.

que nécessite l'opération ; cette oblique étant tirée, tracez à partir de l'angle inférieur aigu et en dessus de l'o-
blique, une petite partie de cercle, telle est celle ponctuée,
qui touchera la première ligne et l'oblique ; ensuite portez la même ouverture du compas sur la ligne n° 2 et où
l'oblique touche cette ligne ; décrivez pareillement une
petite partie de cercle touchant la deuxième ligne ; sur
cette partie de cercle, prenez la longueur de la première
petite courbe, c'est-à-dire sur les points où elle touche la
ligne oblique et la première ligne du développement ; portez cet intervalle sur la deuxième petite courbe et vous
tracerez un point sur lequel doit passer la deuxième oblique qui se prolongera jusque sur la troisième ligne, ainsi
de suite jusqu'à la dernière ligne. Mais si les intervalles se
trouvaient trop petits pour pouvoir tracer des triangles,
alors on prendrait une fausse équerre comme il est porté
au quatrième intervalle, et du même angle appliqué sur
toutes les divergentes, on trace cette ligne qui donne des
proportionnelles.

Cette ligne étant tracée, on prendra la longueur du
pied de chaque ligne, c'est-à-dire de la ligne circulaire ou
base developpée sur chaque divergente ; le point que
forme la ligne oblique marquée 1, 2, 3, 4, 5, 6, 7, 8, 9,
10, 11, 12 et 13 du développement que vous porterez sur
le côté du cône, *fig.* 11. pour avoir les points 1, 2, 3, 4, 5,
6, 7, 8, 9, 10. 11, 12 et 13, et les espaces entre eux seront
des moyennes proportionnelles que vous tirerez horizontalement alors sur tel point que vous voudrez tracer la
ligne ; par exemple, si vous commencez sur la base 1,
dirigez-vous en montant une division sur la ligne 2, ensuite sur la ligne 3, etc., vous tracerez l'héliçoïde ; vous

pouvez ajouter à cette ligne telle hauteur que vous croirez convenable et par lignes divergentes, et elle tracera la deuxième ligne qui représente une largeur de bandeau. Cette opération finie, on descend en projection horizontale l'héliçoïde qui alors prendra le nom de spirale ; pour la projeter, vous descendrez autant d'incidentes prises sur les points formés par l'héliçoïde et les divergentes jusque sur les rayons correspondants, et vous aurez la spirale ; ou si on veut, on prendra de la ligne milieu en élevation sur les lignes horizontales et aux points 1, 2, 3, 4, 5, 6, 7, 8, 9, 10, 11, 12 et 13 sur le côté du cône, et on les rapportera sur les rayons à partir du centre ; cette opération est plus juste et complique moins les figures, parce que les lignes incidentes coupant les rayons dans des directions obliques, forment des points d'intersection trop allongés ; d'ailleurs, le rayon qui se trouve en face ne pouvant être coupé par aucune ligne, on est obligé d'employer le dernier procédé.

REMARQUE SUR LES SECTIONS CONIQUES.

Il a déjà été parlé des sections coniques, nous ne ferons qu'intéresser le lecteur en le renvoyant aux pénétrations et réunions des solides où ces figures se présentent dans l'emploi qui leur est propre. Mais nous dirons que la ligne tournant autour d'un cône, doit être d'une grande utilité pour le tracé des épures d'escalier conique, moyenne proportionnelle, flèche torse, telle est la flèche de Strasbourg, etc., etc., que nous traiterons aux articles charpente et coupe de pierres.

Des solides de pentes.

Les difficultés qu'on rencontre dans les solides de pentes sont à peu près les mêmes que dans les droits ; la différence est que s'ils se projettent sur des plans réguliers, le solide n'y est pas, et les développements demandent plus de précaution.

La figure 1ʳᵉ est un prisme pentagonal, il est élevé sur un pentagone régulier, mais sa forme cubique ne présente pas des faces égales ; le pentagone qui se trouve à l'extrémité est la forme du solide.

La figure 2 est le développement qu'on a formé en prenant la longueur du grand côté du prisme, *fig.* 1ʳᵉ, de la base *m* au point 1 qu'on apporte de la ligne droite du développement au point 1 ; on a pris les cinq divisions qui sont sur le cercle, qu'on a étendues sur la ligne de développement, et on a élevé les lignes 1, 2, 3, 4. Les hauteurs se prennent aux points *m, l, n, o, p, a,* qu'on rapporte sur les lignes du développement, et on trace la ligne creuse qui exprime la coupe de base et la forme ou degrés d'obliquité de chaque face ; il faut observer que la ligne droite du développement est la ligne droite 1, o, A, qui est d'équerre à son prisme en élevation.

La figure 3 est une pyramide de pente sur son angle ; sa projection est un quadrilatère, le point de sommité A se projette hors du plan en A ; c'est sur ce point qu'on trace les arêtiers en plan qui sont exprimés par les lettres A. A, B, A, et D, A, les côtés C, A, en élevation, sont les longueurs des arêtiers, mais l'angle D n'est vu que géométralement ; pour avoir sa juste longueur, on a pris la longueur A, B, sur le plan, et on l'a portée sur la ligne milieu comme l'enseigne la courbe ponctuée, ensuite on l'a élevée puis tirée au point commun de E en A. Pour procéder au développement, *fig.* 4, on a tracé une ligne A, A, sur cette ligne on a porté la longueur A, A prise en élevation, puis on a pris la longueur E, A en élevation, et on l'a portée au développement de A en E en sectionnant vers ces deux points, ensuite on a pris les côtés du plan A, E, et A, D, qu'on a portés au développement de A en E, ou croisant les sections, on a obtenu les lignes A, E ; pour avoir E, C, et C, A, on a pris en élevation la longueur A, C, qu'on apporte au développement de la même manière que les précédentes, et on a tracé le développement de la pyramide de pente.

La figure 5 est un cylindre oblique ; sa projection est un cercle, mais le cylindre n'est pas circulaire. Sa forme est un peu elliptique, elle est représentée par l'ellipse formée sur la ligne E, B ; pour l'obtenir, on a divisé le cercle en parties égales, et on a de ces divisions, élevé des lignes sur la base, qui ont servi à tracer le cylindre, on a ensuite d'équerre à ces lignes, tracé la ligne E, B, qui coupe les ordonnées à angles droits, on a pris en plan les espaces qui se trouvent à partir de la ligne milieu sur les lignes ordonnées aux points numérotés en commençant par 2 et 12, que vous portez en suivant l'ordonnée pour obtenir les points 2 et 12, ensuite 3 et 11, que vous portez toujours en suivant l'ordonnée en 3 et 11, ainsi de suite jusqu'en 6, et vous aurez la forme de l'ellipse qui sera celle du cylindre.

Le développement, *fig.* 6, se trace en tirant la ligne B qui représente E, B en élevation. Sur cette ligne, vous mettez les divisions qui sont sur le cercle en plan, et de ces points, vous tirez des lignes d'équerre, puis sur chacune d'elles, vous mettez les longueurs des ordonnées du cylindre, *fig.* 5, que vous prendrez de la ligne E, B à la base; ici on a commencé par les lignes 1, 1, ainsi de suite jusqu'en 6, et on trace la sinueuse E, O, B, O, H.

La figure 8 est un cône de pente; après avoir tracé le cercle et en avoir fait les divisions, on a excentré la sommité du cône en R; de ce point et des divisions, on a tiré des lignes; ces lignes projettent celles qui forment le cône en élevation aux points 8, 7, 6, 5, 4, 3, 2, 1, qu'on a menés au point R; mais comme ces lignes sont vues géométralement, on ne peut pas s'en servir pour le développement, alors on a le reculement ou longueur de chacune de celles tracées en plan, à partir du point R, en commençant R, 1, qu'on apporte sur la ligne de base prolongée en B, à partir de la ligne ponctuée qui s'élève du point R, et on a marqué le point 1; puis on a pris la longueur du point R au point 2 en plan, qu'on a porté sur la ligne de base de la ligne ponctuée au point 2, ainsi de suite jusqu'en 8; et on a mené les lignes ponctuées qui se dirigent au sommet du cône et qui expriment les longueurs de chaque ligne qui doivent nous donner le développement qu'on obtient en prenant la longueur de la ligne 8, R, qu'on porte sur une droite. *fig.* 8, aux points A, R; ensuite on prend en élevation la ligne 7, R, qu'on rapporte en développement en mettant cette longueur sur R et sectionnant vers le point 7; puis on prend une des divisions du cercle, qu'on porte au développement du point A pour croiser les sections et obtenir le point 7; de ce point, vous tirez la ligne 7, R, ensuite vous prenez en élevation la ligne R, 6, que vous rapportez en développement du point R, en sectionnant vers le point 6 ; puis du point 7 avec une division prise sur le cercle en plan, vous croisez la section pour obtenir le point 6, puis vous tirez la ligne R, 6, ainsi de suite jusqu'à 1, et vous tracez la courbe irrégulière qui est la base du cône de pente en développement.

REMARQUE SUR LES SOLIDES DE PENTES.

Il est rare que ces solides soient employés de pente, surtout les pyramides, mais on trouve très communément des vides qui affectent ces formes. En charpente, toute pièce disposée obliquement est un prisme oblique, la coupe ou base n'est pas semblable à ses côtés ; dans des entrées de cave ou descente en berceau, si le mur de face qui, pour l'ordinaire, est à plomb, le berceau de pente représente le cylindre de pente ; pour tirer des jours soit dans une cave ou dans un comble, on est quelquefois obligé de diriger ces jours par des ouvertures qui affectent la forme d'une pyramide de pente. Une porte conoïde, une arrière voussure, etc., affectent la forme d'un cône de pente, et les moyens d'en obtenir le tracé des épures, sont les mêmes ; c'est pourquoi il m'a semblé nécessaire d'en faire la démonstration.

De la sphère (pl. X).

La figure 1ʳᵉ, de cette planche, est une sphère développée par zones ou bandes.

Après avoir tracé le cercle que nous considérons comme représentant la moitié de la sphère en plan, et l'autre moitié en élevation, on a divisé ce cercle en nombres pairs

et en autant de parties qu'on a jugé à propos ; on a
tiré pour la moitié et de chaque point de division,
les rayons au point 6, l'autre moitié fut tranchée par des
lignes ou bandes horizontales ; on a descendu de ces
bandes aux points pris sur le cercle, des incidentes jusque
sur la diamétrale ; de ces incidentes on en a décrit autant
de demi-cercles ; ensuite on a tiré une ligne du point 6,
prolongée indéfiniment ; puis des points des divisions de
zones en commençant sur la diamétrale et passant sur
le premier point, on a tiré une ligne qu'on a prolongée
jusqu'à la rencontre de la ligne milieu au point d ; ensuite
on a tiré une deuxième ligne de la zone 2 à la zone 3,
prolongée jusqu'à la ligne milieu ; puis de la zone 3 à la
zone 4 une ligne, et de la 4 à la 5, on a obtenu les points
a, b, c ; ensuite ayant posé le compas en d, on l'a ouvert sur
la ligne de base vers le point 5, et faisant mouvoir le compas, on a décrit la partie courbe de la première bande
sur laquelle on a mis les divisons qui sont sur le premier
cercle ; de ces divisions on a mené les petites lignes qui
traversent la bande, et se dirigent vers le point d ; ces
petites lignes représentent les rayons en plan coupés
par le deuxième cercle ; ensuite ayant mis le compas en
c, on l'a ouvert sur la deuxième division ou bande, et on
a décrit la partie courbe qui la représente, sur laquelle
on mis les divisions qui se trouvent sur le deuxième cercle ou celles qui sont sur la partie supérieure de la première bande, ce qui est toujours la même chose, et vous
tirerez en dirigeant en c, les petites lignes qui traversent la
bande, puis venant en e, vous ferez la même opération
jusqu'en a, et vous aurez le huitième de la sphère développée par bandes ou zones.

(48)

La figure 2 est la sphère développée comme on développe les hémisphères des mappemondes.

Pour obtenir ce développement, on a tiré deux lignes
qui se coupent à angles droits; sur ces deux lignes on a
étendu par le point de division le cercle, *fig.* 1re, qui est
répété par des chiffres; ensuite du point 6 où se croisent
les lignes, on a décrit le cercle qui touche aux quatre
points d'extension sur les deux lignes, puis on a pris la
longueur de la ligne *d*, *fig.* 1re, et on l'a portée sur la figure 2, à partir du point 6 sur la ligne prolongée au point
b; de ce point *b*, et d'un espace semblable du côté opposé,
on a tracé les parties courbes, qui, se touchant au centre 6,
se continuent jusque sur le cercle; ensuite on est venu
prendre la longueur de la ligne *e*, *fig.* 1re, au développement de la deuxième bande, qu'on apporte sur la deuxième
division de la ligne, *fig.* 2, et on a obtenu ie point *c* répété de chaque côté; de ce point *c*, on a décrit la partie de
cercle passant sur le deuxième point et continuée jusque
sur le cercle, enfin on a pris sur *b*, *a*, *fig.* 1re, la longueur
des lignes qui ont développé les bandes, et on a tracé les
points *a*, 6, *fig.* 2, pour obtenir les autres parties de cercle
jusque sur le dernier point.

Pour avoir les cercles dits de longitude on a mis le
compas sur l'un des pôles et sur le point de la première
division, et on a fait une section à droite et à gauche,
qu'on a croisée comme si on voulait croiser une ligne à
angles droits; des points d'intersection, on tire une ligne
qui, coupant la méridienne ou ligne milieu au point *a*,
donne le foyer où on pose le compas pour décrire ce
cercle, on porte la même ouverture du côté opposé, et
on décrit l'autre partie de cercle.

Ensuite sur le point de la deuxième division, on sectionne de la même manière et on croise ces sections comme à la première opération, en portant la pointe du compas sur le pôle, et on aura une deuxième ligne qui coupera la ligne milieu au point *b*; puis en répétant de la même manière, on aura les points *c* et *d*, qui seront les foyers de chaque cercle; et en reportant la même ouverture en sens opposé, on aura le complément des cercles, et enfin le développement d'un hémisphère : observez que les divisions qui se trouvent sur les cercles de latitude sont les mêmes qu'au plan, *fig.* 1ʳᵉ.

La figure 3 est une partie de développement comme si on eut extrait les deux cercles du milieu de l'hémisphère développé qu'on appelle quelquefois le fuseau sphérique.

REMARQUE SUR LA SPHÈRE.

Ces différentes manières de développer la sphère sont indispensables en coupe de pierre, car le développement par zone, *fig.* 1ʳᵉ, est chaque rang de voussoirs d'une voûte sphérique ou niche appareillée par joints horizontaux; le développement, *fig.* 3, sont les voussoirs par joints verticaux; enfin il s'agit de tirer parti de cette pièce, le jeu des lignes sera toujours celui qu'on doit employer.

SECTION III.

DES PÉNÉTRATIONS ET RÉUNIONS DES SOLIDES.

Tout corps solide peut être pénétré par un corps d'un moindre volume.

Quand le volume est égal, il y a raccordement ou réunion des solides.

Tout raccordement ou réunion de solides suppose toujours des sections.

La figure 4 de la planche 10, est un prisme élevé sur un plan triangulaire mixtiligne; il est tronqué obliquement et est pénétré par un cône, *fig.* 6.

Après avoir tracé le triangle, comme projection horizontale, sur la partie circulaire, on a fait une division d'ordonnées et une ouverture qui doit être pénétrée au point 3; ensuite, des points de division et des angles, on a élevé les incidentes 1, 2, 3, 4 et 5, jusqu'à la section oblique du prisme, qui représente un toit; ensuite on a tracé la figure 6, qui représente une ouverture circulaire et conique, comme l'enseignent les lignes ponctuées.

Le développement du toit ou bouchure de la section oblique du prisme, s'obtient comme aux cylindres; car on doit considérer ce solide comme la sixième partie d'un cylindre qui aurait le diamètre de deux fois la longueur de l'un des côtés; puis, ayant élevé d'équerre à la ligne oblique les ordonnées 1, 2, 3, 4 et 5, on a pris en plan la longueur qu'il y a du point 1 au point opposé 1, qu'on a porté en élévation au point 1; il est à remarquer que l'angle du triangle est exprimé par cette ligne, et que, par conséquent, il donne l'angle de la bouchure; ensuite on prend en plan l'espace 2 et 2, qu'on rapporte en élévation aux points 2 et 2, on revient en plan, et on prend l'intervalle 3 et 3, qu'on rapporte en élévation aux points 3 et 3; ensuite 4 et 4 du plan, pour être porté en élévation aux points 4 et 4, et de ces points vous tracez la courbe.

Le développement, *fig.* 5, s'obtient en prolongeant la ligne de base, sur laquelle on a mis les côtés du triangle par le côté 1, ensuite le côté 2, puis la partie circulaire 3, par les points de division du plan 1 , 2 , 3 , 4, 5 ; ensuite on mène des points, de la ligne de section, *fig.* 4; les lignes ponctuées qui rencontrent celle du développement, nous ont donné la forme des côtés du prisme triangulaire tronqué obliquement; l'ouverture s'est faite en menant les lignes de hauteur, et la largeur fut prise en plan.

La figure 7 est un parallélipipède surmonté d'une pyramide quadrangulaire, pénétrée par un cylindre; en construction c'est un bâtiment sur un plan carré, avec son comble en pavillon, ayant deux lucarnes circulaires; la figure 8 est la projection horizontale qui fut faite en traçant un carré, sur les angles duquel on a tiré deux diagonales exprimant les arêtiers, laquelle longueur d'arêtiers fut prise du centre *b* à l'angle *b*, qu'on a portée sur l'élévation, *fig.* 7; de la ligne milieu au point *b*, d'où, avec le sommet, on a tiré une ligne ponctuée qui est la longueur des arêtiers ; sur le comble de l'élévation géométrale, on a formé deux lucarnes, la forme circulaire marquée *a*, et celle de la pénétration , qui, après avoir traversé horizontalement la pyramide, fut projetée en plan aux lettres *a*, *a ;* on a obtenu cette projection en traçant la forme circulaire *a,* qu'on a divisée en quatre parties égales; comme en l'élévation de chaque point on a mené une ligne qui, rencontrant les autres lignes prises sur la partie oblique, ou côté de la pyramide, a tracé en plan une petite ellipse, ce qui exprime, pour la partie supérieure, des nolets circulaires couchés sur un comble droit, il faut se rappeler que c'est encore une section cylindrique, l'obliquité du toit en est la ligne oblique.

La figure 16 est le développement qu'on obtient de deux manières : celle la plus usitée parmi les charpentiers, est

de tracer sur une ligne représentant un des côtés, et à
angle droit, une ligne ponctuée, telles sont 1, 2, 3, 4,
en prenant l'un des côtés de la pyramide du sommet à sa
base, *fig.* 7, qu'on porte sur cette ligne, *fig.* 16; puis, prendre en plan, *fig.* 8, la moitié de l'un des côtés qu'on rapporte sur la ligne, *fig.* 16, aux points *b, b;* de ces points, et
de la hauteur de la ligne ponctuée B, on tire les diagonales qui représentent les arêtiers, et qui doivent avoir la
longueur de la ligne ponctuée, *fig.* 7; ensuite, du pied
de l'un de ces arêtiers, avec une longueur qui est une
demi-largeur du plan, *fig.* 8, vous faites une section indéfinie, puis vous prenez la longueur de la ligne ponctuée,
ou côté de la pyramide, que vous portez du sommet à la
section, et de ce point vous tirez, avec l'angle formant le
pied de l'arêtier, une ligne que vous prolongez au-delà
de la ligne milieu; sur cette ligne vous mettez l'autre demi-
largeur du plan, et vous répétez quatre fois l'opération ;
mais aux points 1 et 1 il restera une ouverture qui doit
se joindre quand le développement est découpé et mis en
élévation. L'autre manière se fait en prenant la longueur
de la ligne ponctuée *a, b, fig.* 7; puis, posant l'extrémité
de cette longueur sur un point, vous décrivez une partie
de cercle, sur laquelle vous mettez les quatre côtés du
plan, puis vous tirez des lignes du centre aux points et
d'un point à l'autre, et vous aurez le développement que
les charpentiers appellent herses.

La figure 9 est un prisme surmonté d'une pyramide
triangulaire équilatérale; on a supposé qu'un bâtiment
avait un biais de 60 degrés, et que sur l'angle aigu on
avait dessein de placer un escalier qui doit conduire
jusqu'au comble, et qu'on ne pouvait y parvenir qu'en

faisant un petit comble pour former la cage de l'escalier;
on trace le biais, *fig.* 11, qui est un triangle équilatéral,
les lignes angulaires expriment les arêtiers en plan ; ensuite on a élevé le prisme et la pyramide par les moyens
dont on a déjà parlé, mais la difficulté est dans la figure
9; qu'on suppose que l'angle du bâtiment soit coupé sur
la ligne *a, c*, du plan, *fig.* 11, et que cette section soit
disposée circulairement; que c'est dans sa courbure que
doit être placé l'escalier; alors on demande quelle forme
doit avoir la courbe sur l'un des côtés du triangle ; la ligne
courbe ponctuée fut divisée en cinq parties, aux points
1, 2, 3, 4 et 5; ces lignes ponctuées étant descendues sur
le plan, on les a tirées parallèles à la ligne *a, e ;* ensuite,
de l'extrémité de ces lignes et sur le côté du triangle *a,
b*, on a élevé d'autres lignes, et, des points 1, 2, 3, 4,
sur la courbe ponctuée en élévation, on a mené des lignes
horizontales indéfinies; ces lignes horizontales, rencontrant les verticales qui s'élèvent du plan sur les points 1,
2, 3, 4, les coupent à angle droit, et, de ces intersections,
fut formée la courbe pleine sur les points 1, 2, 3, 4;
pour avoir la courbe de l'un des côtés, on a pris les points
1, 2, 3, 4, sur le côté du plan; puis, les ayant mis sur
la ligne horizontale, *fig.* 12, on a élevé autant de lignes
qui, rencontrant les lignes horizontales indéfinies, les
ont coupées aux points 1, 2, 3, 4, 5, ce qui a donné la
courbure elliptique qu'on a tracée par le procédé de l'o-
vale fixe (1).

Le développement, *fig.* 10, se fait comme les précé-

---

(1) Cette figure n'étant pas très-régulière, je prie le lecteur de s'en
rapporter au texte.

dentes, en prenant par les côtés de la pyramide; décrire une partie de cercle, et mettre sur cette partie de cercle les trois côtés du triangle ou plan, *fig.* 11. La figure 13 est encore une pyramide triangulaire équilatérale, élevée sur un prisme; mais l'une et l'autre sont pénétrées par des corps cylindriques; les dispositions des lignes, les chiffres et les lettres enseignent assez intelligiblement l'effet qu'ils doivent produire; de plus, ces dispositions ne sont que pour donner des idées d'élévation géométrale; le développement s'obtient comme aux figures précédentes.

Planche XI.

La figure 1re de cette planche est un cylindre surmonté d'un cône qui, ne s'élevant pas aussi haut que le bâtiment principal, duquel il fait partie, se trouve coupé par une section hyperbolique; le cylindre est pénétré par une ouverture circulaire ou un cylindre de moindre dimension.

La figure 3 est la projection horizontale qui fut tracée comme au cône tronqué; la figure 4 est l'hyperbole obtenue comme il a été démontré aux sections coniques; les figures 5 et 6 sont les développements des cylindres et des cônes.

La figure 8 suppose un bâtiment auquel on a réuni un cylindre surmonté d'un cône qui, par sa disposition avec le comble du bâtiment, se trouve avoir une section parabolique; le cône est pénétré par un pentagone irrégulier qui forme la lucarne; le cylindre est pénétré par un cône; il ne diffère du précédent que par la section conique et la forme de ses pénétrations; les moyens à employer pour les sections et les développements étant les mêmes qu'aux sections coniques, nous n'en dirons pas davantage; d'ail-

leurs, les lignes et les chiffres correspondants doivent faciliter l'intelligence.

Planche XII.

La figure 1re de cette planche est un prisme exagonal
surmonté d'une sphéroïde; on a supposé que dans un
comble ordinaire on voulait établir une cage d'escalier;
que cet escalier ne pouvait recevoir des jours que par le
toit, au moyen de lunettes pratiquées dans des parties de
la sphéroïde, et symétriquement disposées; ici nous n'en
avons fait paraître qu'une; nous supposons également que
cet escalier doit être de première valeur, et qu'on doit disposer la cage le plus convenablement possible, pour répondre à la magnificence du lieu; pour opérer, on a tracé
le plan de projection, *fig.* 2, qui est un exagone régulier,
sur les angles duquel on a élevé les incidentes qui donnent
les angles en élévation; à une hauteur convenable on a
fait paraître une petite corniche pour recevoir la partie
inférieure de la sphéroïde qu'on a tracée en fixant une
hauteur, pour être en rapport avec le toit du bâtiment;
la courbure étant tracée, on l'a divisée en autant de
parties qu'on juge convenable; ici elle est en quatre
parties, lesquelles divisions étant faites, on les a traver-
sées horizontalement, puis on les a descendues jusque sur
le plan et sur la ligne diamétrale qui exprime les arêtiers;
ensuite on a retourné ces lignes parallèlement au côté de
l'exagone, pour être arrêtées sur l'autre arêtier, où étant,
on les a élevées pour être arrêtées sur les horizontales en
élévation aux points *a*, *b*, *c*, *d*, etc.; ces points ont produit
la courbe d'un arêtier, vue obliquement en élévation; ensuite, pour tracer les ouvertures ou pénétrations, on a

disposé au-dessus du toit une ligne d'équerre à la partie de la tour qui doit être pénétrée, sur laquelle ligne on a croisé à angle droit, une ligne qui est la ligne milieu du cylindre qu'on a exprimé par un cercle, qu'on a divisé en huit parties égales; le même cylindre fut descendu en plan, *fig.* 2, où étant disposé d'équerre au côté de l'exagone, on a divisé, tiré et prolongé les lignes indéfinies; puis, pour avoir l'ouverture projettée au plan, on a descendu, du dessous de la courbure en élévation, *fig.* 1re, les points de division qui y sont arrêtés; ces points furent descendus jusque sur l'arêtier en face, où étant, on les a retournés parallèlement au côté de l'exagone, et où ils ont rencontré les lignes du cylindre; elles forment l'ouverture projetée; et pour l'avoir en élévation, on a mené les divisions du cylindre horizontalement, puis on a pris, à partir de la ligne diamétrale dudit cylindre, sur chaque ordonnée, les intervalles qu'on a portés sur les lignes horizontales, et des points on a formé l'ouverture vue géométralement; ensuite, pour procéder au développement, on a, *fig.* 2, tracé une ligne milieu qu'on a prolongée indéfiniment; sur cette ligne milieu, et du point milieu au côté de l'exagone, on a élevé les petites lignes qui s'y trouvent, de même que le milieu, sur ces lignes, et à partir de la ligne milieu considérée comme base, on a mis les hauteurs de chaque ligne de division prises sur la ligne sous-tendante en élévation, qu'on a reportées sur les correspondantes aux points répétés, et on a obtenu la courbe qui se termine en *g*; ensuite, des points de cette courbe, on en a fait l'extension sur la ligne milieu, dans le même ordre que sont les lettres; puis, de ces points, on a tiré des petites lignes qui furent croisées par les mêmes, au plan, prises sur les arétiers, ce qui a donné la galbure des côtés du développement.

La figure 3 est une voûte sphérique ou niche, pénétrée par un cône : d'abord on a tracé la projection, *fig.* 4, qu'on a divisée et élevée; de ces points arrêtés sur une horizontale, on a tracé l'élévation, ensuite on a disposé le cône dans une direction reconnue convenable; ici il est concentrique; puis, du cercle, *fig.* 9, qui lui sert de base, on a divisé et abaissé des lignes qu'on a terminées en pointe à un foyer commun en F; ensuite, des points qui ont formé la pénétration A, R, on a descendu le même point R, au plan R; ainsi, des autres lignes qui croisent avec celles *q, c, o, b, f* du plan, forment, avec celle de l'élévation, la projection en plan de la pénétration R.

La figure 5 est une répétition des cercles qui composent la niche, et les divisions sont faites pour avoir les points H, *f, d*; pour tracer le développement, *fig.* 6, qui n'est qu'un 1/3 de la niche développée, et pour rappeler que ce sont les mêmes moyens qu'on a employés dans le dévelop pement de la sphère, on a doublé l'opération qui peut servir de 1/3 de développement.

PLANCHE XIII.

La figure 1re de cette planche est une tour dont la partie inférieure est en talus jusqu'au 1er cordon; ensuite elle est élevée aplomb jusqu'au comble, cette partie inférieure est conique, la partie supérieure est cylindrique, le comble est un cône, la pénétration de la partie inférieure est cylindrique, biaise ou excentrique, et la pénétration supérieure est conique concentrique et de pente.

OPÉRATION.

Après avoir tracé les cercles de projection **A**, **B**, on a élevé ces cercles sur la diamétrale, pour en faire l'élévation, dont on fixe les hauteurs qu'on croit nécessaires ; ensuite on dispose les ouvertures ou pénétrations, de manière qu'elles soient en rapport avec le besoin du local.

La figure 5, qui est une porte circulaire, étant disposée, on fait des divisions sur le cercle ; on mène de ces divisions des lignes horizontales, jusqu'alors indéfinies, sur la partie en talus ou conique, de l'élévation géométrale, *fig.* 1re; puis on descend, des mêmes divisions, d'autres lignes jusque sur une horizontale qu'on trace dans la direction de l'ouverture en plan, où étant, on pose le compas sur la ligne horizontale ; et, des lignes descendues, on trace des quarts de cercles pour les retourner d'équerre, puis on les prolonge jusque sur le cercle **A**, 1re projection, parallèlement à la ligne diamétrale ; des points 1, 3, 1, sur le cercle **A**, on a élevé des lignes sur la ligne horizontale, lesquelles lignes on a conduites parallèlement au talus en élévation, et où ces lignes ont rencontré les lignes indéfinies 1, 2, 3 du cercle, *fig.* 5 ; ensuite on a descendu les points 1, 2 et 3 de l'ouverture géométrale, jusque sur la ligne de base ou diamétrale, où étant, on a posé la pointe du compas au centre *e*, et l'autre pointe sur les lignes descendues, en commençant sur la ligne marquée 1, on décrit la petite courbe jusque sur la ligne 1, marquée sur le cercle, et on a le point 1, ensuite la ligne 2 ; mener la courbe 2 jusque sur la ligne 2 en plan, puis la ligne 3 sur la ligne milieu 3, et on aura la forme que projette l'ouverture circulaire aux points

1, 1, 2, 2 et 3, qu'on pourra développer en prolongeant les lignes hors du plan, puis on prendra les intervalles des points de division sur le cercle formant la figure 5, en commençant par la ligne milieu, et on rapportera ces mêmes intervalles sur une ligne milieu qui, croisant avec celles prolongées hors du plan, formeront la sinueuse, *fig.* 6.

Cette opération terminée, on procèdera à la pénétration conique, on tracera un cône, *fig.* 7, dont le diamètre et l'obliquité sont pris au besoin; puis, l'ayant dirigé au centre, il rencontre la face extérieure du cylindre, ou la partie extérieure de la tour, aux points 1, 2, 3, 4, 5, des-quels points on a tiré des lignes jusqu'au milieu, puisque la pénétration était au milieu; ensuite on a projeté le cône en plan sur le cercle B, en prenant du milieu du cône, c'est-à-dire sur la ligne diamétrale aux points 1, 2, 3, 4, 5, et à la ligne milieu, *fig.* 1 et 7, en commençant par 1 qu'on a rapporté en plan, *fig.* 2, du centre *c* pour for-mer le point 1, ensuite du point 2, *fig.* 7, à la ligne mi-lieu, *fig.* 1ʳᵉ, qu'on a rapportée du centre *c*, pour avoir la petite ligne marquée 2, ensuite le point 3, *fig.* 7, du milieu 1, qu'on a rapporté du centre *c*, *fig.* 2, pour avoir la ligne 3, ainsi de suite jusqu'à 5; puis, prenant de la ligne diamétrale, *fig.* 7, la petite ligne marquée 2, on l'a rapportée en plan, *fig.* 2, pour fixer la longueur de la petite ligne marquée 2; ensuite on a pris la longueur de la ligne 3, *fig.* 7, qu'on a rapportée en plan, *fig.* 2, pour former la longueur de la ligne 3, ainsi des autres qui ont formé la base du cône, *fig.* 2; en tirant des lignes au point *c*, ces lignes, rencontrant le cercle B, représentent la partie ou plan extérieur de la tour; on a élevé sur chacune d'elles les incidentes qui rencontrent en élévation celles sortant des points 1, 2, 3, 4, 5; on a tracé cette espèce d'ellipse cottée 1, 2, 2, 3, 3, 4, 4 et 5; le développement, *fig.* 3, est fait en étendant la quantité de divisions qui sont sur le cercle, en tirer des lignes et rapporter sur elles différentes hauteurs qui nous donnent l'ouverture ou pénétration.

La figure 4 est le comble développé, c'est un cône, *voyez* le développement d'un cône.

REMARQUE SUR LES PÉNÉTRATIONS.

Nous avons déjà dit que les différentes ouvertures devaient être considérées comme des pénétrations ou sections; c'est pourquoi j'ai jugé nécessaire de donner des détails sur les pénétrations, afin de faire savoir où on doit rencontrer telle ou telle difficulté. C'est dans cet exposé qu'on peut juger de ce qu'on doit entendre, et à quoi sont applicables les sections pyramidales, cylindriques, coniques et sphériques; car, comme nous l'avons dit, les ouvriers n'étant pas familiarisés avec ces sortes d'expressions, ne croient pas qu'elles soient de leur art; mais ils verront dans les pénétrations tout ce qui peut se présenter d'obstacles en construction, et le jeu des lignes qu'on doit employer pour le tracé des épures, en observant que nous ne présenterons qu'une ligne au lieu de quatre, qui doivent déterminer la forme des pièces à couper sur les épures; c'est pourquoi nous les renverrons, les charpentiers et les menuisiers à la coupe des bois, et les tailleurs de pierre à la coupe des pierres.

SECTION IV.

DE LA LEVÉE PARTICULIÈRE DES PLANS.

PLANCHE XIV.

Nous avons dit à l'article des parallélogrammes irréguliers que nous donnerions une description de ces surfaces,
qui sont indispensables en construction, surtout pour les
tailleurs de pierre et les charpentiers; comme les surfaces
rectangles ne présentent pas de difficultés pour les dispositions des pierres angulaires et pièces de comble, nous
n'exposerons ici que les surfaces irrégulières rectilignes
et mixtilignes. La figure 1re de cette planche est un trapézoïde sur lequel des murs sont élevés; il s'agit de rendre
exactement cette figure. Les tailleurs de pierre pourraient
se contenter des angles, pour les pierres angulaires qui
sont les seules qui présentent des difficultés; aussi ils
peuvent réduire cette figure aussi petite qu'ils voudront,
et obtenir le même résultat, par la similitude des triangles; par exemple, le bâtiment à élever doit avoir sur
une face 20 mètres, sur une autre 15 mètres, sur une
autre 12 mètres, et sur l'autre 10; ils peuvent, ayant
relevé un des angles, faire une petite épure et représenter
les mètres par des décimètres ou des centimètres : les angles ne changeant pas, on aura toujours le même degré
d'obliquité.

Mais il n'en est pas de même en charpente; pour le
tracé des pièces de comble, il faut le plan le plus exact,
afin d'arriver juste, et si les murs étaient élevés, s'assurer
s'ils sont de niveau; bien des ouvriers exigent pour ces
opérations, une multitude d'instruments composés, tels

que grande règle, grand niveau, équerre, faux équerre, plomb, cordeaux, etc., etc.; mais tout cet attirail, en partie inutile, augmente les dépenses par une perte de temps, et souvent une incertitude d'opération; car il faut, pour un niveau à règle, deux hommes pour tenir la règle, sur laquelle un troisième pose un niveau ou balance un plomb, sans savoir si le niveau est juste ou la règle droite. On peut faire l'opération plus juste, partant plus certaine et plus prompte, en fixant contre le mur, *fig.* 1re, une pointe ou clou *a*; de cette pointe plomber un point *b*, et vous assurant qu'ils sont bien aplomb, prenez une règle, on n'exige pas qu'elle soit droite, car elle est pour représenter un compas, vous buttez un des bouts de la règle en *a*, et avec l'autre bout vous tracez une partie de cercle sur la face du mur, ensuite buttez la règle en *b*, et vous croiserez la partie circulaire déjà tracée, puis dirigez-vous de l'autre côté, et vous ferez la même opération qui vous donnera deux intersections; si vous êtes seul piquez votre compas en le passant par la boucle qu'on a l'habitude de faire au bout du cordeau, frottez-le de blanc ou de noir, bandez-le fortement et prolongez-le sur l'autre intersection, buttez-le, et vous aurez une ligne de niveau, si les deux points *a* et *b* sont aplomb; c'est ce qu'en géométrie on dit croiser ou couper une ligne à angle droit; il faut remarquer que si le mur était long, il faudrait vérifier son niveau par les sections, attendu que le cordeau peut ployer, et la ligne n'étant plus droite, il en résulterait une opération inexacte.

Après s'être assuré si les murs sont de niveau, on relèvera les angles, en mettant sur l'un le bout d'une règle en G, on marquera sur le mur les points B et A, répétés sur la règle au point B , puis vous mettrez la règle de A en B, comme grand côté d'un triangle qui est isocèle, puis vous mesurerez les côtés de G en H, de H en C, de C en F, et de F en G ; si le bâtiment n'est pas considérable, vous prendrez avec des règles ces longueurs, et votre opération sera finie ; il s'agit d'en faire le tracé : étant arrivé sur l'endroit où vous devez faire votre épure, *fig.* 2, vous tirez une ligne G, F, vous mettez sur cette ligne la longueur de ce côté, et vous marquez le point B, qui est sur votre règle en B, puis vous piquez votre compas en G, vous buttez le bout de votre règle contre, et vous décrivez une partie de cercle vers A, ensuite vous remettez votre compas en B ; et, avec le grand côté du triangle, qui serait la longueur de votre règle, comme l'indique la figure 1re, vous croisez votre partie de cercle au point A, et vous aurez l'angle B , G , A ; vous prolongez la ligne G, A, jusque vers H , et vous mettez la longueur de ce côté ; ensuite , du point H , vous mettez la pointe de votre compas, puis, buttant contre le bout de la règle, vous tracez une partie de cercle vers C avec la longueur de ce côté ; puis, remettant le compas en F , avec la longueur de ce côté vous croisez la section C, ce qui vous donnera exactement la forme du trapézoïde ; mais si le bâtiment était trop spacieux , et qu'on ne puisse tracer par ces moyens, alors, de chaque angle on ferait un triangle qu'on rapporterait de la même manière et par les mêmes moyens ; l'angle C est relevé par un triangle scalène , les trois longueurs, dont deux sont marquées sur la règle *c, c, fig.* 1re, avec la règle, ont été rapportées de C en D, et de C en E, par la longueur D , E.

La figure 3 est un trapézoïde mixtiligne ; après avoir,

comme à la figure 1ʳᵉ, mesuré les côtés droits, on a tiré des sous-tendantes ou cordes, pour avoir les parties courbes, du milieu desquelles on a élevé une perpendiculaire pour prendre la courbure ou flèche de l'arc; ces cordes, avec les côtés droits, ont représenté un rectiligne. On a pris pour faire l'opération comme aux figures 1 et 2, car on peut supposer des triangles dans chaque angle, et, mesurant les côtés, obtenir le même résultat ; pour rendre les courbures semblables, après avoir tracé le trapézoïde, tant par les sous-tendantes que par les côtés, aux points A, B, C, D, sur le milieu de chaque sous-tendante ou corde, vous croisez une ligne à angle droit, que vous prolongez jusqu'en O, puis, sur les points P, B, et P, C, vous croisez encore une autre perpendiculaire prolongée jusqu'à ce qu'elle rencontre la ligne milieu au point O ; de ce point, comme centre, vous tracez les courbes A, P, B, et D, P, C, et vous avez le trapézoïde mixtiligne ; enfin, toute surface peut s'obtenir par le secours des triangles ; les reprises ou sous-œuvre, les étayements, les dispositions ou replacement de pièces obliques, peuvent s'obtenir par le moyen des triangles, ce qui sera plus amplement démontré aux articles charpente et menuiserie.

Planche XVI.

Cette planche est la manière de relever un terrain sur
lequel on doit bâtir, afin de disposer le plan des bâtiments, et diviser ledit terrain comme l'exigent ses dispositions; mais cette opération n'est qu'approximative. Cependant, avec beaucoup de précaution, on arrive suffisamment.

Nous avons supposé qu'il n'y avait accès facile que dans
la ligne de direction, où sont deux tablettes qu'on a
représentées *fig.* 1 et 2 ; lesquelles tablettes étant fixées
sur leurs pieds, au moyen d'une allidade, on a tiré tous
les angles que forme le terrain, ayant soin d'appuyer
l'allidade contre une aiguille, où se réunit chaque angle
tiré ; ensuite on a tracé la directrice dans telle direction
qu'on a reconnue la plus facile, et on a planté un jalon
sur cette ligne vers l'extrémité du terrain, ayant soin,
avant de changer la tablette de place, de mettre un
deuxième jalon aplomb du point où est l'aiguille, par le
moyen d'un plomb qu'on laisse descendre, et dont la fi-
celle touche le bord de la tablette, et dans la direction de
la ligne ; puis vous changez la tablette de place, pour la
porter vers le jalon, *fig.* 2, laquelle tablette étant affer-
mie, vous dirigez la ligne de direction sur les jalons,
ensuite vous relevez les angles de la même manière qu'à
la première opération, *fig.* 1ᵉ, et où les lignes tirées de
ces angles, couperont les premières lignes ; vous mènerez
les lignes qui forment le contour de la figure 2, représentant le terrain ; il faut observer qu'en changeant la
tablette de place, c'est-à-dire de la première à la deuxième opération, de ne pas la changer de face ; par exemple,

le côté tourné vers le nord doit toujours rester de ce côté, puis, pour en avoir la **quantité** approximative, vous diviserez l'espace qu'il y aura d'un jalon à l'autre, c'est-à-dire ceux posés après avoir plombé le bord de la tablette, et reporté le point aplomb de l'aiguille; ici la division est de 8 mètres, vous divisez en autant de parties l'intervalle qu'il y a d'un point d'aiguille à l'autre, *fig.* 2, tels sont les chiffres 1, 2, 3, 4, 5, 6, 7, 8, qui feront une échelle de mètre, avec laquelle vous pourrez mesurer le terrain; il faut observer que cette opération est très-prompte, puisque en deux stations on a solution, et qu'on peut relever des points inaccessibles.

La figure 1re de la planche 16 est encore un moyen semblable au précédent, pour lever des points inaccessibles. On a supposé mesurer la largeur A, B, d'une rivière : ayant disposé la tablette en D, on a formé la directrice de l'une à l'autre tablette, comme à la planche 15, puis on a dirigé l'allidade du point D aux points A, B, puis on a porté la tablette de D en C, D, sans changer les aspects; puis, dirigeant la ligne directrice sur le jalon D, on a relevé les points A, B, qui, croisant sur les premiers, ont formé le petit intervalle A, B, sur la tablette; ensuite, mesurant l'espace de C en D sur la ligne, vous en ferez une même quantité de C en D sur la tablette, et vous aurez une échelle qui vous servira à mesurer le petit intervalle A, B sur la tablette, qui représentera l'espace A, B, sur la rivière.

La figure 2 est une manière qu'on peut employer pour mesurer approximativement; on s'en sert quelquefois pour se procurer des pièces de bois, soit pour échafaudages, soit pour jeter un pont précipité; il s'agit d'avoir une visière à sa coiffure, ou une petite règle, pour diriger le rayon visuel vers le point inaccessible en A; puis, se maintenant dans cette attitude, reculer jusqu'à ce que le même rayon soit arrêté sur le bord accessible au point B; mesurer l'espace qu'il y a entre vos deux stations A, B, et vous aurez la largeur approximative de la rivière; on peut faire l'opération en avançant, car j'ai vu un officier du génie qui, étant chargé de cette opération, planta son épée, et dirigeant, comme il est dit, le rayon visuel, et ayant fixé le point accessible, avança jusqu'à ce que ce même rayon, soit sur le point inaccessible se retourna, mesura au pas géométrique l'espace, et il ordonna le travail.

DE LA

COUPE DES PIERRES.

SECTION V.

Planche XVII.

La coupe des pierres est une connaissance essentielle et indispensable en construction, car la quantité ni la qualité des pierres employées sans ordre ni arrangement ne constitue pas la solidité ni l'économie; cette science remonte à la plus haute antiquité, aussi, voit-on dans toutes les relations que nous ont transmis les savants, que les temples et autres monuments tant publics que particuliers, étaient construits dans un ordre qui atteste qu'à ces époques elle était connue; mais des siècles de dévastation devaient faire de cette science comme de toutes autres. Les peuples tombés de l'apathie à l'ignorance, avaient négligé et ensuite oublié tout ce que les arts devaient présenter de satisfaisant par leur extension pour la perfectibilité de l'espèce. Il ne suffisait donc pas à l'homme d'être conquérant ou dévastateur pour jouir des avantages que présentent les sciences; aussi ce fut sur les ruines des anciens qu'on vit sortir cet ordre, cette eurythmie admirable qui jointe au goût de la génération et au besoin que nous offrent les circonstances, vit se former sur tous les points de l'Europe malgré les troubles qui se succédèrent de contrée en contrée, cet essaim d'artistes de toutes classes qui fait la plus belle comme la plus utile partie de la multitude et qui, s'échangeant leurs observations, et aidés de l'expérience en faisant revivre les sciences, les ont modifiées et simplifiées de manière à les mettre plus en rapport avec nos besoins sans nous constituer dans d'aussi grandes dépenses.

La coupe des pierres qu'on a remarqué chez les anciens consistait plus en sculpture qu'en disposition ou arrangement de cintres; chez les Romains, on nous dit que les cintres des bains, acqueduc et voûtes ne rachetaient pas les rangs d'assises; les voussoirs étaient tels qu'un panneau suffisait pour tracer tout un cintre comme on l'explique par cette planche.

Mais ils avaient en revanche un excellent mortier, des pierres d'une dureté qu'on ne rencontre pas dans tous pays, et c'est ce qui faisait que leurs monuments se sont perpétués ou conservés aussi long-temps; cependant les dispositions ou la nécessité les obligeait souvent aussi à avoir des coupes biaises, telles qu'on les voit sur cette planche.

Cette manière d'opérer s'emploie encore souvent dans des travaux rustiques, et où on ne peut obtenir des pierres de grande dimension, on se contente de celles qu'on a. Ce genre d'appareil ne présente d'autres difficultés que de supposer qu'un tube cylindrique est coupé en différentes bandes; ici la première bande *fig.* 1ʳᵉ, représente une porte sur un plan rectangle, la 2ᵉ sur un plan biais, la 3ᵉ est une bande angulaire, la 4ᵉ figure 2, est sur un plan circulaire, et la 5ᵉ sur un plan circulaire et biais.

On suppose donc que ces différentes sections cylindriques expriment autant de portes ou ouvertures dont la largeur des bandes représente l'épaisseur d'un mur; la forme circulaire qui est en tête de chaque figure, exprime la longueur ou épaisseur des voussoirs; et les rayons concentriques qui y font suite, représentent le plan d'un cylindre, ensuite de chaque bande 1, 2, 3, 4 et 5. Sur les deux figures, sont rangés chaque rang de voussoirs posés sur leurs extrados.

Il faut remarquer que dans les sections obliques on a extrait toutes les lignes tracées sur le cylindre et dans l'épaisseur de la couronne de voussoirs, c'est-à-dire l'intrados et l'extrados; c'est ce qui donne aux voussoirs développés la forme irrégulière que nécessite la section oblique, et c'est sur cette forme irrégulière qu'on trace ces panneaux de douelle pour obtenir le biais de chaque voussoir.

Ces dispositions de rangs ou plutôt demi-rangs de voussoirs faisant suite à chaque bande formée par l'extraction des lignes du cylindre, doivent donner une idée du tracé des panneaux, des autres pièces de coupe de pierres, qui sans être semblables s'obtiennent par les mêmes moyens : enfin, c'est un cylindre coupé obliquement.

Planche XVIII.

La figure première de cette planche est une porte circulaire rachetant assises; comme l'opération ou le tracé de cette porte sur un plan rectangle ne présente d'autre difficulté que l'arrangement des voussoirs, nous avons cru nous dispenser d'en exprimer le plan, et nous avons tracé le plan biais qui est au-dessous de l'élévation.

D'abord on a tracé l'ouverture et divisé les voussoirs qui sont au nombre de sept compris la clef, puis on a tiré les joints concentriques 1, 2 et 3 répétés de chaque côté ; ensuite du point *o*, on a élevé une petite ligne ponctuée qui, rencontrant le rayon 1ᵉʳ, forme le premier rang d'assises ; ce rang se multiplie en mettant le même espace au-dessus jusqu'au chaperon du mur, ou si c'est un bâtiment, jusqu'au premier cordon ou bandeau ; la division des rangs d'assises étant faite, menez les joints horizontaux qui, rencontrant les rayons du cintre, vous donneront la longueur de chaque joint, tels que sont 1, 2 et 3 répétés de chaque côté ; cet arrangement étant fini, descendez sur le plan les incidences ponctuées comme elles sont tracées et numérotées en plan par les chiffres 1, 2 et 3, et vous verrez que ces incidences expriment les rangs de voussoirs dans l'épaisseur du mur.

Ensuite, tirez de la somme totale des pierres en élévation des lignes qui expriment en plan toute la grosseur de la pierre qu'il faut pour chacune d'elles ; puis des extrémités que forme le biais sur ces lignes, tirez de petites lignes à angles droits, ce qui vous donnera la longueur que doit avoir chaque pierre.

La clef *a*, *b*, *c*, *d*, extraite de son plan et reportée à la suite des lignes, vous donne une idée du déchet que doit éprouver la pierre, rapport au biais.

La figure 2 est l'élévation ou vue géométrale qu'on obtient en prenant en plan et sur l'obliquité de la ligne tous les points formés par les incidences, on les rapporte sur une ligne, puis les ayant élevés, on retire celles de l'élévation *fig.* 1ʳᵉ, qui ont engendré celles élevées, et ces lignes se croisant, elles donnent la forme que doit avoir l'ouverture biaise; pour comparer le devant ou un côté par l'autre, par rapport au biais, on tire une ligne d'équerre à la ligne biaise du plan, telle est celle tirée du point o, puis on prend la différence ou l'espace qu'il y a entre elles et la ligne biaise formant le jambage ou pied droit en plan qui est haché, et sur la parallèle biaise on porte cet espace *fig.* 2, qu'on met sur toutes les horizontales formées ou produites par les joints, et on obtient la partie courbe de derrière qui est marquée partie pleine, partie ponctuée; il faut observer que ces cintres par rapport à leurs faces sont elliptiques, les lignes obliques du plan coupant un cylindre, il en résulte une section cylindrique qui se résout par une ellipse; ici l'ellipse ou cintre biais est fait par des ordonnées.

Les figures 3 et 4, sont des voussoirs biais. Comme le genre d'appareil de cette porte est dit par équarrissement, on a fait des panneaux de tête *fig.* 1re, puis ayant formé autant de prismes quadrangulaires ou pierres dressées à leur équerre, comme l'enseignent les lignes ponctuées aux voussoirs et clef, on applique le panneau de tête sur la partie d'équerre, puis on trace; mais comme cette partie doit tomber pour rendre la pierre biaise, on tire des lignes de chaque angle que produit le panneau; et lorsque la pierre est refaite biaise on trace par ces lignes le panneau qui se trouve rallongé. Mais si on veut opérer par les secours des panneaux de douelle, alors on fait les panneaux de tête biais, *fig.* 2, et on opère pour les douelles comme à la planche XVII; ou comme on a extrait la clef, alors on pourra économiser un peu de pierre, mais on sera obligé d'avoir deux panneaux à chaque voussoir; il s'agit d'examiner l'avantage qu'on peut tirer de ces deux manières, mais pour plus de justesse, je préférerais la première manière, car elle indique le biais de toute la pierre en masse, tandis que la deuxième manière demande un soin très particulier pour placer le panneau de douelle qui ne comprend dans sa largeur, que l'espace qu'il y a d'un voussoir à l'autre sur le cercle.

Planche XIX.

Cette planche comprend la porte en talus *fig.* 1re, et la porte biaise ou talus *fig.* 4; pour construire la porte en talus *fig.* 1re, on a formé l'ouverture qu'on a divisée en nombre impair comme à la planche XVIII, ensuite on a formé le profil *fig.* 3, qui est le talus sur lequel on a mené les lignes de division horizontalement, et qui expriment les joints des voussoirs en profil; puis ayant mené chaque rang d'assises, on a obtenu à chaque rang la quantité de talus que nécessite chacun de ces rangs et qui sont enseignés par des petits triangles ponctués dont le talus forme l'hypoténuse.

Ensuite on a tracé la projection horizontale ou plan par terre, *fig.* 2, en descendant les lignes des joints, puis on a pris la somme totale du profil *fig.* 3 et les lignes d'assises et de joints qui s'y trouvent, qu'on a porté sur le côté du plan *fig.* 2, pour obtenir les lignes d'assises et de joints qui y sont exprimés, lesquelles ayant rencontré celles déjà tirées de l'élévation, ont formé la courbure du plan et les joints tels qu'ils y sont tracés; il faut observer que la moitié du plan par terre est destinée pour le tracé des panneaux.

Pour obtenir les panneaux de douelle, vous tirez des divisions du cintre en élévation, de petites lignes horizontales 1, 2, 3, sur lesquelles vous amenez avec le compas chaque division, en posant le compas sur le point de division d'où est tiré la petite ligne, ensuite vous descendez sur le plan ces mêmes lignes qui traverseront la largeur du plan, puis vous tirez de chaque angle exprimant les joints en plan, jusqu'à la rencontre des lignes descendues de l'élévation, ce qui vous donne la largeur et la coupe du panneau de douelle; mais comme il doit avoir une courbure, il faudra à chaque voussoir ou douelle, tirer une ligne milieu pour avoir la courbure convenable à chacune desdites douelles; il en sera de même pour les panneaux de joints. D'ailleurs, les lignes indiquent suffisamment la manière de la tracer.

Les panneaux de tête sont comme pour tracer par équarrissement, car il est indispensable de ne pas tracer le talus sur la pierre de même que le biais, pour arriver juste sans être obligé de retailler les têtes; néanmoins, si on veut avoir le rallongement des panneaux de tête, il faut prendre sur la ligne du talus; les longueurs ne changeant pas on peut facilement construire le panneau.

La figure 4 est semblable à la figure 1re, mais le plan *fig.* 5, présente plus de difficulté à cause de sa disposition biaise; du reste, il s'opère par les mêmes moyens.

La figure 6 est un voussoir biais et en talus, c'est la contre-clef marquée en élévation *fig.* 4, par la lettre K; il fut tracé par équarrissement, comme l'enseigne la figure 6; pour l'obtenir, on a tracé sur l'élévation *fig.* 4, le parallélogramme rectangle marqué par les chiffres 1, 2, 3, 4, ce qui exprime la somme que doit avoir le bout de la pierre équarrie ou mise à l'équerre; ensuite on a descendu en plan les extrémités du même parallélogramme jusque sur la ligne de division de joints aux chiffres 1, 2 et 3; on a tiré du point 3 une ligne d'équerre pour obtenir le point 1; on a prolongé la ligne 1 et 2 jusque sur la ligne du derrière du plan au point 5 qu'on a retourné d'équerre jusque sur la ligne 3 prolongée, ce qui a donné le point 6; on conçoit que les quatre points 1, 3, 5, 6, forment un parallélogramme rectangle, exprimant la largeur et la longueur de la pierre, et que celui *fig.* 4 en élévation, forme l'épaisseur.

Comme il est impossible de bien rendre sur le papier les formes réunies de tous les côtés d'un solide, on saura que la figure 6 étant construite par ces parallélogrammes, n'en présente que la forme approximative, parce qu'il est impossible, comme j'ai déjà dit, de tracer les côtés des voussoirs, les réunir et les voir comme sur la pierre.

Cependant j'ai essayé de rendre cette figure le plus intelligiblement possible, le prisme dont la face 1, 2, 3, 4, est la même qu'en élévation *fig.* 4, est représenté par les longueurs en plan *fig.* 5, prise aux points 1, 5 et 3, 6; ensuite, on a retranché sur le derrière aux points 5, 5 et 6, 6, la partie qui se trouve en plan *fig.* 5, du point 6 au point 7, qu'on a rapporté *fig.* 6, des points 6, 6, pour obtenir les points 7, 7, ce qui a formé le biais sur le derrière, en tirant la ligne oblique 5 et 7; la même opération fût faite sur la face 1, 2, 3, 4, mais sur cette face, après avoir tracé le biais, il a fallu tracer le talus, soit en prenant en plan *fig.* 5, l'espace qu'il y a entre la ligne du joint et celle de l'assise, ou en prenant sur le profil *fig.* 3 aux points 2 et 3 qu'on a portés sur la ligne biaise tracée sur le prisme *fig.* 6 de cette ligne; avec celle du dessous, vous tracez l'oblique qui vous donne le talus, mais il faut avant que de commencer la taille, tracer avec le panneau de tête, qui est celui marqué K en élévation, toutes les lignes des joints, douelles et lits, que forment les contours du panneau, ayant soin de bien dégauchir les points extrêmes qui se correspondent, et vous obtiendrez le tracé exacte de votre voussoir; il est à remarquer, comme nous l'avons déjà dit, que cette manière nous dispensait de panneaux de douelles et de joints, et de panneaux de tête rallongés, mais que la pierre pouvait éprouver plus de déchet; cependant il serait plus à propos de jeter sur la partie déjà disposée de manière à prévenir ce déchet, quelques truellées de mortier ou plâtra, pour rendre la pierre d'équerre et appliquer le panneau de tête, le rapport du biais et talus; on préviendrait le temps de faire deux panneaux de douelle et joints, plus la dépense qu'ils occasionnent, et on aurait plus de certitude dans l'exécution.

La figure 7, est le deuxième voussoir de la figure 1re, tracé d'après mes observations, seulement il n'est qu'en talus.

Planche XX.

Porte en tour ronde et en talus, figure première.

Après avoir tracé la porte sur une ligne droite, en avoir fait les divisions et tracé les rangs d'assises, on a formé le profil *fig.* 4, comme à la planche XIX, sur lequel on a mené des lignes indiquant les joints horizontaux engendrés par les divisions du cintre et les assises, ensuite on a élevé sur la ligne de talus les petites lignes aplomb, formant avec les lignes horizontales les petits triangles ponctués; cette figure étant tracée, on portera sur la ligne milieu *fig.* 1ʳᵉ, toutes les lignes qui s'élèvent de la ligne de talus *fig.* 4, 5, marquée 1, 2, 3, 4, ainsi que la base et l'épaisseur qu'on mettra de B en K pour tracer la projection horizontale ou plan par terre; ensuite des points 1, 2, 3, 4, 5, produits par le profil, on prendra le rayon ou milieu de la tour ronde comme centre; vous décrivez les lignes circulaires qui forment les rangs d'assises de la tour, ensuite vous descendez des points de division du cintre *fig.* 1ʳᵉ, les lignes incidentes ou ordonnées, puis vous prenez de la ligne de direction L *fig.* 4, suivant chaque ligne de divison *o, p, q*, le talus que chaque voussoir doit avoir sous sa douelle, et vous le rapportez sur la ligne B du plan en suivant chaque ordonnée, ce qui donne les points *o, p, q*, répétés de chaque côté, et formant la sinueuse qui exprime la porte ou vide vu en plan; du fond des joints *r, s, t* en élévation, vous obtenez les joints *r, s, t*, répétés de chaque côté en plan; ensuite pour avoir les panneaux de douelle *c, i, h* sans sortir du plan, vous tirez des petites horizontales de chaque point de division *fig.* 1ʳᵉ, puis de chacun de ces points comme centre, vous apportez chaque largeur de douelle par un petit quart de cercle qui s'arrête sur chaque petite ligne horizontale; ensuite vous descendez ces lignes prolongées jusqu'à la dernière courbe en plan *fig.* A, aux points *c, i, h*, puis vous tirez des lignes d'incidences ou ordonnées opposées aux points *o, p, q*, des petites lignes d'équerre qui, rencontrant celles descendues des quarts de cercle, ont formé les panneaux de douelle *c, i, h*, sur le plan; il faut considérer que les douelles, par rapport à leur disposition sur le cintre, ne projetant pas en plan les mêmes largeurs, elles font l'effet que ferait un panneau fixé par des charnières et déversé suivant la

courbure du cintre; si ce panneau se fermait horizontalement, il projeterait toute sa largeur et décrirait ra-
tionnellement les petites lignes horizontales qui donnent
la forme du panneau par rapport au talus et à la courbure
de la tour ronde; il en est de même des panneaux de joints
fig. 2; mais pour éviter la confusion des lignes en plan,
on les a placées séparément, et pour les obtenir, on
mené la ligne de direction U V sur le plan; puis on a tracé
une autre direction *fig.* 2, sur laquelle on a mis la longueur des joints *o*, *r*, *p*, *s*, *q*, *t* marqués aussi 1, 2 et 3 en
élévation; ayant tiré des lignes indéfinies de ces points
fig. 2, on a pris de la directrice U V en plan, la longueur
de chaque joint, en commençant par celui marqué 1 ou au
côté opposé *o*, puis le même *r*, puis celui 2 ou côté opposé
p, puis le même *s*, ensuite celui 3 ou côté opposé *q*, et le
même *t*, toujours à partir de la directrice; vous rapportez
ces longueurs dans le même ordre *fig.* 2, à partir de la
directrice, sur le dedans de chaque joint, de la même
manière, et vous tracez les panneaux de joints 1, 2 et 3;
les coupes obliques de chacun d'eux sont l'effet du talus
et de la courbure; les panneaux de tête s'obtiennent
comme il a été dit à la XIXe planche.

La figure 3 est le voussoir X entièrement développé; le
panneau de tête marqué X de cette figure, est rallongé
par rapport au talus; la partie marquée 3 est le panneau
de joint du côté de la clef; la partie *c* est le panneau de
douelle marqué *c* en élévation et en plan; la partie marquée 2 est le panneau de joint marqué 2 en élévation et à
la figure 2; la partie marquée *d* est le lit de pose de dessous marqué *d* en élévation; la partie marquée *e* est le joint
vertical ou montant marqué *c* en élévation; la partie

marquée *f* est le dessus du voussoir ou lit de pose de dessus; enfin, le panneau de tête non marqué est celui du dedans opposé à celui en talus, de manière que, si découpant tous les contours de ce développement, vous réunissez chacune des découpures en pliant sur les autres lignes, vous obtiendrez la forme du voussoir X, il en sera de même des autres.

La figure 5 est l'élévation (1) d'une porte ou tour ronde biaise ou en talus, les dispositions et les moyens sont les mêmes qu'à la figure 1re, puisque le profil sert pour les deux; mais il n'en est pas de même pour la projection horizontale B, qui sans présenter une grande difficulté, demande un soin particulier; d'abord pour construire cette projection, ayant cherché le centre des courbes ou milieu de la tour ronde, tel est le rayon ponctué, on a mis sur ce rayon les assises prises sur le profil en talus, comme à la figure A ou plan par terre de la figure 1re; de ces points, on a décrit les courbes représentant les rangs d'assises en projection; puis on a descendu de chaque joint en élévation, les incidentes correspondantes aux rangs d'assises, ce qui forme le fond des joints en plan; puis on a pris sur le profil à partir de la ligne de direction ponctuée et marquée L, le petit côté des triangles formés par l'obliquité du talus, c'est-à-dire que sur les lignes horizontales formées des divisions du cintre et à partir de la directrice L, sur la ligne du talus, aux points 2, 3, 4, 5,

---

(1) Si je me sers de ce terme élévation d'une porte biaise et en talus, ce n'est pas qu'il n'y ait une autre manière d'élever en biais et en talus; mais comme ces élévations ne sont pas toujours nécessaires, je me suis contenté de celle-ci, qui est plutôt une pénétration excentrique.

on a porté ces espaces en plan *fig.* B, à partir de la première courbe ou base, et sur chaque ligne de division ou
ordonnée, et on a obtenu la sinueuse ou projection du
vide de la porte; et de ces points, on a mené les petites
lignes formant les points sur ceux arrêtés sur les courbes
d'assises; puis pour obtenir les panneaux de douelles *fig.* 6,
on a tracé sur le plan une ligne de direction qui coupe
les autres lignes à angles droits; ensuite on a tracé une
autre directrice *fig.* 6, sur laquelle on a posé les divisions
prises sur le cintre en élévation *fig.* 5; de ces points, on
a tiré d'équerre à la directrice des lignes, sur lesquelles on
a rapporté les longueurs de chaque ordonnée traversant le plan B, en prenant chaque partie de longueur sur
la ligne de direction du plan, pour être portée dans le
même ordre sur la ligne *fig.* 6; ce qui donnera la longueur
et la coupe de tous les panneaux de douelles.

Il en sera de même pour les panneaux de joints *fig.* 7;
et par les mêmes moyens, se servant toujours de la ligne
de direction du plan B. pour rapporter par le même
moyen de la directrice *fig.* 7, c'est ce qui donne la forme
et la longueur des panneaux de joints; nous ne saurions
trop souvent répéter que les panneaux de tête doivent se
lever et se poser comme par équarrissement, plus, voir le
rapport des lignes.

PLANCHE XXI.

La figure 1re de cette planche est une porte ou ouverture
conique (1); ce genre de porte ou ouverture convient

____

(1) *Voir* les pénétrations.

dans un endroit resserré, par exemple, une porte char-
tière dans une rue étroite nécessite de l'ébrasement sur
son plan *fig.* 2, ce qui facilite la circulation des voitures;
dans des ouvertures de croisées, le conique soit en dedans,
soit en dehors, dirige la lumière en plus grande masse.

Après avoir tracé la projection horizontale *fig.* 2, et
disposé l'ébrasement dans une obliquité convenable, on a
élevé les points intérieurs et extérieurs, puis on a tracé l'ouverture *fig.* 1re; on conçoit que les deux cercles qui forment cette ouverture représentent les faces exterrées et
interrées d'un mur, et que le demi cercle ponctué représente une feuillure; on conçoit également que l'ébrasement et le conique ne devant pas finir à rien ou plutôt
sur cette feuillure, il est à propos de laisser entre elles
un intervalle nommé tableau; cette précaution prévient
les angles aigus que formeraient les pierres si le conique
étant fortement prononcé finissait sur la feuillure, lesquels angles seraient susceptibles de s'écorner.

L'ébrasement ayant décidé le cône, on l'a prolongé
jusque sur la ligne milieu au point A, puis ayant fait la
division des voussoirs, on a descendu de chacun d'eux
les incidentes des points 2 et 3; le chiffre 2 étant pris sur
la face exterrée du mur, doit être descendu jusque sur la
ligne du plan *fig.* 2, projetant cette face; le chiffre 3 étant
pris sur le petit cercle projetant en plan les faces interrées
du mur, mais à partir du tableau; ensuite ayant tracé
d'équerre le tableau, puis la feuillure, vous tirez du point
2 au point 3 en plan, les obliques qui projettent les joints
des voussoirs.

La partie E F du plan nous donne les panneaux de
joints, et pour les obtenir, on a comme aux planches pré-

cédentes, tiré de chaque point de division sur le petit cercle, de petites horizontales, sur lesquelles on a mis la longueur de chaque joint et de chaque division de joint; des points pris sur le grand cercle et au-delà de ce cercle, s'entend le fond de chaque joint, furent descendues des incidences et arrêtées sur la ligne exterrée du plan C E; et ceux donnés par les points du petit cercle, furent arrêtés sur la ligne formant le tableau où on a tracé la feuillure, et on a obtenu les panneaux de joints 1, 2, 3, 4, qui se trouvent couchés les uns sur les autres; on peut dans cet appareil, se contenter d'un seul panneau de joint pour tracer l'ébrasement et relèvement de tête; mais il faut mettre après ce tracé la distance qu'il y a du devant 2 au fond du joint 1.

La figure 3 est le développement des douelles qu'on obtient comme au développement des cônes; après avoir pris la longueur des côtés du cône *fig*. 2, de A en C et E, vous posez cette longueur sur une ligne B, de ce point vous décrivez une partie de courbe sur laquelle vous posez les divions du grand cintre *fig*. 1ᵉ; de ces points de division, vous tirez autant de divergences, puis vous prenez sur l'ébrasement ou côté du cône C D ou E F, du point D ou E, la longueur de l'ébrasement jusqu'à la ligne représentant le tableau, vous rapportez cette longueur sur les lignes du développement, c'est ce qui donne la longueur des douelles et la forme qu'elles doivent avoir, mais on peut très bien se passer de ces panneaux qui ne sont d'aucune utilité dans ce genre d'ouvrage.

La figure 4, est le deuxième voussoir ou le premier au-dessus du sommier qu'on a tracé par le moyen d'un panneau de tête et par ceux de joints, pour avoir l'ébrasement ou relèvement de tête.

Porte conoïde.

La figure 5, est une porte ou ouverture conoïde, cette voussure est supposée ne pouvant avoir de relèvement de tête, le cintre extérieur est cylindrique; on a d'abord tracé la projection *fig* 7, sur laquelle on a fixé l'ouverture et l'ébrasement comme à la figure 1re; ensuite on a élevé les points projetant cette ouverture, pour les avoir en élévation *fig.* 5; des points intérieurs ou ceux engendrés par les faces intérieures du plan *fig.* 7; on a décrit le cercle plein-cintre, ensuite on a tracé le profil *fig.* 6, qu'on a obtenu en prenant en plan *fig.* 7, toute la largeur de ce plan et les lignes qui y sont tracées; puis de ces lignes qui se trouvent horizontales en plan, on a tiré des lignes verticales au profil *fig.* 6, dont l'une exprime la face extérieure du mur, l'autre le tableau, une autre la feuillure, et enfin une dernière représentant la face intérieure du mur; sur ces lignes, on a tiré de l'élévation *fig.* 5, des lignes horizontales sortant des points de division sur le cintre elliptique ou face extérieure du mur qu'on a arrêtée sur la ligne du profil représentant cette face; puis ceux du plein-cintre qu'on a menés sur le tableau, puis le dessus de la feuillure (1) qu'on a tiré jusqu'aux dernières lignes représentant la feuillure au profil; puis des points arrêtés sur la face extérieure et ceux arrêtés sur le tableau, on a tiré les obliques représentant les

---

(1) Ce dernier cintre, qui doit être ponctué en élévation, *fig.* 5, fut oublié par le litographe, ainsi que les lignes d'incidence sortant des points de division du petit cercle, ou plein-cintre.

joints; il faut remarquer que le profil n'étant d'aucune utilité, on peut se dispenser de le faire ici ; la partie supérieure nous donne le panneau de la clef qu'on aurait pu se procurer par le même procédé que les autres, d'ailleurs il est tracé *fig.* 8, et coté 3 ; il est à observer que lors de la construction des cintres en élévation, après avoir tracé sur le cintre E ou plein cintre, au lieu de diriger les joints des voussoirs au centre de ce cintre, on a cru devoir tracer un cintre elliptique ponctué E F, et de diriger la coupe des joints sur les foyers qui ont servi à tracer cette ellipse qu'on a obtenu par le procédé de l'ovale fixe, comme l'enseignent les joints des voussoirs prolongés et arrêtés sur ces foyers.

Cette précaution est faite pour diminuer les angles qui seraient très aigus sur le cintre extérieur qui est elliptique.

Pour tracer les panneaux de joints *fig.* 8, on a disposé des lignes parallèles comme à la projection ou plan *fig.* 7, représentant l'épaisseur du mur, son tableau et sa feuillure ; ensuite commençant par le premier marqué 1 *fig.* 5, on a pris des points 1 et 2 la longueur du joint qu'on a porté *fig.* 8, sur la ligne de tête du panneau 1, aux points 1 et 2 ; ensuite du point 1 *fig.* 5, on a ouvert le compas jusque sur le point 4, qu'on a porté sur la ligne 4 *fig.* 8, pour obtenir la largeur du panneau et l'obliquité qu'il doit avoir par rapport à l'ébrasement des points 2 et 4. Le panneau 2 en élévation *fig.* 5, fut pris de la même manière que le premier, en prenant des points 1 et 2 rapportés *fig.* 8, aux points 1 et 2 ; ensuite du point 1 au point 4 *fig.* 5, rapporté sur la ligne du point 4 *fig.* 8, pour obtenir l'obliquité du panneau 2, ainsi de l'autre ; mais pour rapporter ces panneaux sur la pierre qu'on doit employer, telle est la figure 9; il faut après l'avoir bien équarrie sur ses lits ou joints de pose, faire sur chacun des bouts le tracé des panneaux de tête; puis ayant jaugé les lignes, taillé les voussoirs comme à la porte d'équerre, en observant de tailler sur la direction du panneau pris sur le plein-cintre; cependant s'il existait quelque défaut au bloc, on tâchera que les faces intérieures n'en aient pas; la pierre étant ainsi taillée, on posera sur le lit de dessous, par exemple, telle est la figure 9, le panneau des jambages ou pieds droits qui sont ceux exprimés en plan *fig.* 7; puis sur le lit de dessus, posez le panneau marqué 1, ayant soin de suivre la ligne formée par la côte que fait le joint avec le lit (1), et vous tracez l'oblique depuis le tableau jusqu'à la tête, ayant soin lorsqu'on a tracé cette tête, de marquer la partie de cintre elliptique qui doit être tracée sur le panneau; comme la douelle est gauche, il faut avoir le soin de diriger la règle dont on se sert, sur la ciselure de chaque joint; puis ayant levé la courbure de chaque tête, confondu ensemble les quatre levées, il en sera de même à chaque voussoir, en observant que le panneau de dessus de chaque voussoir doit servir pour le panneau de dessous du suivant.

PLANCHE XXII.

Porte sphéroïde ou voussure circulaire et arrière voussure dite de Marseille.

La figure 1re, est la porte en élévation; pour l'obtenir,

---

(1) Je me sers de cette expression lit de pose, comme étant plus usitée; mais on doit comprendre joint horizontal.

on a tracé le plein cintre (1) sur lequel on a fait la division des voussoirs ; ensuite on a descendu l'intérieur des jambages ou pieds droits qui ont donné la largeur en plan *fig.* 2 ; puis ayant tracé l'épaisseur du mur, son tableau, sa feuillure et son ébrasement circulaire, on a élevé géométralement des lignes exprimant la partie extérieure de cette ouverture ; puis en supposant qu'on n'ait pu avoir de relèvement de tête, on a tracé le cintre extérieur elliptique par le procédé de l'ovale fixe ; ensuite on a divisé *fig.* 2, les parties circulaires formant l'ébrasement en autant de parties qu'on a jugé à propos, ici elle est en deux ; de cette division, on a élevé les incidentes 1 et 2 qui étaient arrêtées sur la ligne des cintres en élévation *fig.* 1re aux points 1 et 2 ; de ces points et du point 3 au milieu de la clef, on a tracé la partie elliptique ponctuée, comme ligne d'adoucissement ; puis des points de division des voussoirs, on a tiré les joints qui sont concentriques, quoique nous ayons dit planche XXI, qu'on devait détruire les angles aigus, (voir la différence) ; ces joints étant tirés on les a descendus en plan en arrêtant ceux produits par les faces extérieures de l'élévation sur la ligne extérieure du plan ; puis des points pris sur la ligne elliptique ponctuée, arrêtés sur la ligne ponctuée du plan, puis ceux du plein-cintre arrêtés sur la ligne représentant le tableau, tels sont les points 1, 2 et 3 ; ensuite ayant tracé la feuillure en élévation, on descendra la partie supérieure

---

(1) Il est à remarquer que quoique chacune de ses ouvertures soient faites en plein-cintre, ce n'est pas une règle générale : on peut surbaisser les cintres de telle manière et forme qu'on voudra, les moyens seront toujours les mêmes.

de cette feuillure sur les joints aux points qui expriment leur projection horizontale.

On a obtenu les panneaux de joints de la même manière qu'à la porte conoïde planche **XXI**, avec cette différence que ceux-ci sont cintrés; et pour obtenir la courbure de chacun d'eux, on a pris sur la ligne 1 et 2 en plan, l'espace qu'il y a du devant au tableau qu'on a rapporté dans le même ordre *fig.* 3 aux points 1, 2 et 3; on a tiré la ligne du fond des joints au-dessus des panneaux ou une autre représentant le tableau au-dessous et prolongée comme directrice, sur laquelle on a posé le compas et sur les lignes correspondantes; puis prenant en élévation *fig.* 1*re* sur la ligne des joints concentriques aux points 1, 2 et 3, on les a rapportés sur le panneau *fig.* 3, aux mêmes chiffres 1, 2 et 3 qui ont donné la courbure que doit avoir chacun d'eux; le reste du tracé se fait comme à la porte conoïde avec les mêmes observations.

Cette porte sans donner plus de difficulté ni constituer plus de dépense, présente une forme plus dégagée et est d'un meilleur goût que la porte conoïde qui ne convient qu'aux constructions rustiques. La fig. 8 est un voussoir.

Arrière voussure. (Marseille.)

Fig. 4.

On doit comprendre que le nom voussure s'applique à toute ouverture circulaire, aussi les pierres qui composent ces ouvertures se nomment voussoirs ou vousseaux, et non pas clavaux comme beaucoup d'ouvriers les nomment; ces derniers sont pour les ouvertures ou plattes-bandes; le nom d'arrière voussure vient de ce que l'ébrasement est du côté où les portes s'ouvrent et se placent

facilement; mais dans le tracé de cette pièce, on entend
toujours que le dedans est le dehors, c'est-à-dire que
comme il est d'usage d'ouvrir les portes ou croisées intérieurement, c'est la partie intérieure du mur qui devient
la face extérieure de l'arrière voussure, si on excepte celle
dite de Saint-Antoine, qui peut s'entendre des deux côtés.

Pour tracer cette pièce, on exprime en plan l'épaisseur
du mur, son ébrasement, son tableau et sa feuillure, puis
la largeur de l'ouverture *fig.* 4, qu'on divise comme aux
autres voussures; ensuite on trace le profil *fig.* 5, par le
moyen des lignes composant le plan *fig.* 6 qu'on élève,
et sur lesquelles on a mené horizontalement les divisions
faites sur le cintre *fig.* 4; puis on prend la moitié de
l'ouverture et la forme du cintre qu'on trace sur ce profil,
tel est le cintre partie ponctuée et partie pleine; ce
cintre est la forme que doit avoir la courbure dans l'é-
brasement. Comme l'obliquité s'étend plus que la ligne
d'équerre, il s'en suivrait que la courbure ne serait pas
assez haute; c'est ce qu'il faut prévenir en traçant la moitié
de la porte dans le profil, et tirez la ligne ponctuée marquée A B, qui fut prise sur l'ébrasement; puis du point A
sur le cintre, menez une ligne de niveau jusque sur la
ligne C D, représentant la face extérieure du mur; cependant comme dans cette arrière voussure il y a relèvement de tête, ce qui facilite ou dégage le jeu de la porte,
on pourrait élever le point E un peu plus, en s'assurant
pourtant si ce point est assez haut; ayant tracé le profil
et sa partie courbe, on a divisé l'espace qu'il y a entre le
tableau et la face extérieure du mur, en autant de parties
qu'on a jugé à propos : ici elle est en trois parties, telles
sont les lignes 1 et 2 qu'on rapporte en plan *fig.* 6, sur la

ligne milieu; si on a fait la division la première au profil,
ou on les rapporte au profil; si on a fait la division en plan
la première. Ces lignes en plan étant tirées jusque sur l'é-
brasement aux points 1 et 2, furent élevées géométralement, pour être rencontrées par celles sortant du profil
et des points 1 et 2 sur la courbe; de ces intersections,
tracez la courbe E K en élévation, puis de ces points avec
un même nombre, divisez sur le relèvement de tête et sur
le milieu de la clef; vous tracez autant de cintres ou courbures surbaissées, tels sont les demi-cintres ponctués;
ces courbures sont autant de lignes d'adoucissement qui
servent au tracé des panneaux en prenant comme à la
figure 1re, la longueur des joints concentriques et tous les
points formés par les courbes ponctuées pour les porter
dans le même ordre sur des lignes disposées comme au
plan de projection, et on obtiendra la courbure de chacun des panneaux.

La figure 7 est le premier voussoir au-dessus du sommier; le moyen de tracer ces panneaux est le même expliqué à la porte conoïde, en traçant d'abord son panneau
de tête ét les courbures marquées dessus, puis appliquer
sur les lits ou joints horizontaux du sommier le panneau
du jambage ou pied droit, pour déterminer l'ébrasement,
puis le panneau du joint sur la partie supérieure pour
l'ébrasement et la courbure qui lui est propre, et continuer
avec la même précaution en observant que lorsqu'on fait
la division des voussoirs, les joints horizontaux ne ren-
content pas les joints concentriques au-dessous du nu du
mur, c'est-à-dire sous la voussure.

planche **XXIII.**

Arrière voussure St.-Antoine.

La figure première est l'élévation géométrale de l'arrière voussure, il faut concevoir que c'est une porte carrée dont les voussoirs forment une plate-bande et se cintrent en relèvement de tête par deux courbures, ce qui forme une niche plate ; après avoir tracé le plan ou projection horizontale *fig.* 2, sur laquelle on a fixé la largeur de l'ouverture et la courbure de l'ébrasement, on a élevé des lignes pour obtenir l'élévation géométrale, puis on a tracé le cercle A sur lequel on a divisé les voussoirs, puis sur une ligne droite tirée entre les lignes pleines exprimant les jambages ou pieds droits, on a fait le même nombre de divisions que sur le cercle A, en comprenant les angles de l'ouverture pour des points de divisions ; ensuite on a prolongé cette ligne dans la direction des points 1, 2 et 3, puis on a tiré de chaque division du cercle et de la plate-bande une ligne sur les points 1, 1, puis sur les points 2, 2, puis sur ceux 3, 3, ensuite 4, 4, sur lesquelles lignes on a fait un trait d'équerre au milieu de chacune, qui fut prolongé pour le voussoir 1, 1 jusqu'au point 1 sur la ligne horizontale ; puis sur les points 2, 2, plongés jusqu'au point 2, puis 3, 3, prolongés au point 3 ; ces points 3, 2 et 1 sur la ligne prolongée donnent les foyers où on pose le compas pour cintrer chaque joint de voussoirs ; ensuite de cette opération, on construit le profil *fig.* 3 qu'on a obtenu en prenant en plan *fig.* 2, toutes les lignes qui forment ce plan en commençant par la ligne A, puis B, puis C, puis D, qu'on rapporte dans le même ordre au profil *fig.* 3 ; pour obtenir les lignes

A, B, C, D, qu'on a élevées, puis des cercles ponctués en élévation et sur chaque joint de voussoirs, tels que les lettres A, B, C, D l'enseignent; on a tiré des lignes horizontales qui se rencontrant avec celles du profil, ont donné les parties de courbes représentant les joints des voussoirs en profil; pour les avoir en plan *fig.* 2, on a employé les mêmes moyens mais en sens inverse. Pour le tracé des panneaux *fig.* 4, on a employé les mêmes moyens qu'aux autres voussures en prenant les lignes du plan, les tracer dans le même ordre, puis prendre chaque distance qu'il y a de l'angle du voussoir au cercle A, troisième voussoir *fig.* 1re, pour porter cette distance *fig.* 4, sur la ligne A au point 3, puis la distance du cercle A au cercle B *fig.* 1re, que vous mettez sur la ligne B *fig.* 4, à partir de la ligne O; ensuite la distance de B à C, pour rapporter de la ligne P sur la ligne C, ensuite du cercle C à D que vous rapportez sur la ligne D à partir de la ligne Q, puis du cercle D à la plate-bande, que vous rapportez sur la ligne D que vous tirez d'équerre jusqu'à la ligne du derrière, expriment l'épaisseur du mur, en observant s'il y a une feuillure, d'en faire le tracé.

Il faut observer que les cercles abattus sur l'horizontale, opération qui fut faite sur des joints droits, ne peut pas convenir à ceux-ci à cause que la courbure ne prend pas son extension; mais comme ce voussoir n'est pas beaucoup cintré, l'extension serait peu sensible; il n'en est pas de même du premier voussoir, on est obligé de supposer des lignes d'adoucissement pour en donner une juste longueur.

Le panneau 4, *fig.* 3, au profil, est pour la clé et le voussoir suivant. On conçoit qu'étant donné par la ligne

du milieu, il ne peut pas être juste pour les joints à cause
de leurs courbure et obliquité ; mais la différence est si
peu sensible, qu'on peut s'en servir sans crainte.

Ce système d'appareil présente plus de difficulté que si
les joints étaient tracés en lignes droites ; mais il détruit
les angles aigus sur la plate-bande, accroche les voussoirs
les uns sur les autres : ce qui ne donne aucune poussée,
et la forme en est plus gracieuse.

Niche appareillée en trompe.

La figure 5 est une niche en plein-cintre.

La figure 6 en est la projection qu'on a obtenu en traçant une épaisseur de mur, puis la largeur de la niche,
qui est en plein-cintre, en plan comme en élévation.
Après avoir tracé en plan la courbure K, on a divisé la
moitié de cette courbure en parties égales, et des points
de division on a tiré les lignes i, h, g ; cette dernière exprime la face extérieure du mur, puis on a élevé ces divisions jusque sur une horizontale, *fig.* 5, pour tracer l'élévation et les cercles qui s'y trouvent, lesquels ont été
produits par les lignes arrêtées sur la ligne retombée du
cintre de la niche ; ensuite on a fait la division des voussoirs qu'on a prolongés jusque sur un petit cercle que
nous nommerons *le trompillion*, qui est une pierre partie
conique sur laquelle vient s'appuyer chaque voussoir. Si
on veut avoir chaque joint au plan, *fig.* 6, on a qu'à
descendre de chaque cercle de division, et sur la ligne de
chaque joint, *fig.* 5, des lignes qui s'arrêteront sur les
horizontales g, h, i, k du plan, et on aura les courbures
que projette chaque joint de voussoir.

Le profil, *fig.* 7, fut fait de la même manière que les autres ; d'ailleurs sa disposition, par rapport à son plan, se conçoit facilement, et la vue géométrale de ce profil s'obtient comme en plan. Car il faut comprendre que cette niche est un quart de sphère, que les dispositions sont les mêmes. Ainsi il n'y a pas d'adroits dans un corps sphérique que celui qu'on lui suppose.

La figure 8 est un panneau, ou les trois panneaux l'un sur l'autre ; il n'y a de différence entre le plan, le profil, l'élévation et ce panneau, que les longueurs des joints prolongés, *fig.* 5, jusque sur les rangs horizontaux, tels que ceux marqués 1, 2 et 3, qu'on a rapporté au panneau, *fig.* 8, par les lignes 1, 2 et 3, ce qui prouve qu'avec les panneaux de tête et une courbure plein-cintre on peut tracer cette niche ; ainsi le plan et le profil ne sont pas d'une grande utilité.

Il y a des niches de différentes formes et positions, et d'autre genre d'appareil, mais celle-ci nous paraît mieux convenir.

Nous ne nous étendrons pas plus loin sur cette partie : comme le plan de cet ouvrage est de présenter les pièces les plus communes et partant les moins difficiles, nous renvoyons le lecteur à une deuxième partie, qui traite plus amplement la coupe des pierres.

CHARPENTE.

SECTION VI.

DES COMBLES.

Nous avons dit à l'article *Coupe de pierres* que cette science était de la plus haute antiquité, et qu'elle faisait une des parties essentielles de la construction, cependant les premières habitations furent en bois, et nos premiers parents se faisaient des cabanes de forme conique par la réunion de pièces de bois de petite dimension, telles qu'en font encore les ouvriers employés aux exploitations des forêts. Ce ne fut qu'après un grand laps de temps que le génie créateur de l'homme surmontant les obstacles qu'il aimait à rencontrer, que se perfectionna la science du charpentier, aidée par la géométrie, ou, pour mieux dire, marchant de pair avec elle. Les branches des arbres, dans le principe de la construction, formaient des liens, des esseliers, des jaretiers, etc., et ont pu donner les premières idées de l'emploi de ces pièces ; les arbalétriers, les jambes de force, enfin ce qui constitue le comble d'un bâtiment, sont dus sans doute à la nécessité : cependant, quoique l'art du charpentier date de temps immémorial, il ne prit son rang dans les sciences qu'à une époque où on fut obligé de raisonner économie, solidité et durée, d'employer des lignes, tracer des surfaces, calculer le poids, les forces, comparer les essences, analyser la substance ligneuse, enfin de créer une théorie appuyée sur l'expérience et l'évidence des faits. Mais bien peu de charpentiers possèdent cette théorie, beaucoup d'architectes même n'en ont qu'une idée confuse, qui dégénère en routine, s'en rapportant à des faits usités, sans s'assurer de l'évidence.

Nous n'entreprendrons pas dans cet ouvrage de donner des analyses de forces et pesanteurs; le *Manuel du Charpentier* nous paraît être le livre qui doit le plus honorer cet art, et pour ne pas sortir du plan que nous avons conçu, nous donnerons l'application des lignes mises en jeu à l'article stéréotomie, rappelant à nos lecteurs le nom, la forme et l'emploi des solides que nous leur avons soumis; nous traiterons plus particulièrement des combles pyramidaux ou en pavillon avec leurs assemblages; mais nous n'irons que progressivement pour ne pas fatiguer l'intelligence de l'ouvrier. La vingt-quatrième planche traite d'un comble de lucarne avec trois manières de tailler des nolets. Nous observerons que nous n'employons ni poinçon ni faîtages, mais si on voulait en mettre ou qu'il fut nécessaire, les moyens à employer pour les pièces à difficultés seraient toujours les mêmes.

La figure première est la vue géométrale d'une lucarne; la pièce cotée B est un arétier vu géométralement; la pièce cotée C est le chevron du grand comble sur lequel est appuyé le nolet D; la pièce E est un embranchement qu'on appelle ainsi dans un nolet, le premier chevron F serait un embranchement si le nolet était à dévert de pas sur la sablière, et il serait fermette ou semblable aux autres cotés F si le nolet s'attachait après lui, on met des embranchements quand l'intervalle qu'il y a de la tête du nolet à la première fermette est trop grand ; les assemblages cotés G sont des tournisses de jouée.

La figure 2 est l'épure pour tailler les arêtiers, chevrons de croupe et fermette, après avoir pris l'écartement de la lucarne ou la largeur de son ouverture, on a tiré une ligne milieu qu'on a coupé à angles droits, sur cette ligne on a mis la moitié de la largeur de la lucarne de chaque côté de la ligne milieu, puis on a divisé cette moitié ou demi-largeur en trois parties égales, on a mis deux de ces parties sur la ligne milieu à partir de la ligne 4 et 3, et on a formé le parallélogramme rectangle A; ensuite on a mené des angles au milieu des diagonales qui expriment en plan deux arêtiers d'une pyramide sur l'extrémité de cette ligne, et dans l'angle extérieur on a mis la moitié de l'épaisseur du bois qu'on a employé, et du point que donne cette demi-épaisseur tirez un petit trait d'équerre qui coupera les lignes formant l'angle et les côtés du parallélogramme, c'est ce qui donnera le dévoiement, c'est-à-dire que la ligne ne peut se trouver dans le milieu, attendu que la croupe est un tiers moins couchée que les longs pans, ou, si on veut, on divisera l'épaisseur du bois en trois parties, et en prendre une pour le côté de la croupe; il faut observer que quoique la ligne n'est pas dans le milieu. elle pourrait y être sans compromettre la solidité, il n'en surviendrait qu'une incorrection de travail; mais il n'en serait pas de même s'il y avait des empanons, attendu que si la ligne était dans le milieu, il faudrait que le côté de la croupe soit plus délardé, et alors il ne resterait plus assez de largeur de face pour poser la coupe de l'empanon, à moins qu'on ne prit un morceau plus large, alors il y aurait prodigalité de bois, et la face du côté du long pan serait plus large qu'il ne faut.

Après avoir dévoyé, comme on a dit, les arêtiers, tracé leur épaisseur, on a tracé la largeur des chevrons de croupe et longs pans, puis on a élevé une ferme B, représentant les épaisseurs de chevrons, ensuite, pour régulariser l'ouvrage, on a descendu de la partie de dessous dudit chevron pris sur la ligne horizontale qu'on appelle *gorge*, une ligne qu'on a arrêté sur la ligne angulaire de l'arêtier, on a retourné cette ligne d'équerre en croupe jusque sur la ligne de l'autre arêtier, et on l'a retourné pour se diriger dessous la gorge de l'autre chevron. On doit s'assurer si l'opération est juste, car dans le cas contraire, cette ligne n'irait pas dessous la gorge; la fermette étant tracée, on a tracé le chevron de croupe D, en prenant la hauteur de la fermette B, qu'on a rapporté du point 3 sur la ligne du point formé par cette hauteur, et de l'angle du plan, on a tracé le chevron de croupe : son épaisseur fut donnée soit en amenant la ligne ponctuée prolongée jusque sur la ligne servant de base, ou en prenant soit la hauteur de la ligne de base au-dessous, soit l'épaisseur du chevron de long pan par ligne aplomb.

Ensuite on a tracé l'arêtier coté F au plan en élevant une perpendiculaire du point milieu ; cette perpendiculaire est d'équerre à la ligne angulaire du plan ; sur cette perpendiculaire on a porté la hauteur de la fermette B, commun au point de sommité, puis de ce point et de l'angle du parallélogramme ou extrémité de la ligne d'arêtier, on a tiré une ligne représentant le dessus de l'arêtier, puis du point produit par l'épaisseur de l'arêtier en plan et pris sur la ligne angulaire, on a mené une parallèle à la ligne du dessus de l'arêtier, ce qui a donné le délardement, ensuite on a mené une autre ligne ponctuée représentant le recreusement de l'arêtier, si on suppose qu'il doit être recreusé autant que délardé.

Cette ligne est donnée par l'épaisseur des chevrons de fermette B, *fig.* 2, indiqués par des incidentes retournées d'équerre sur la ligne d'angle, laquelle est menée parallèlement à celles du dessus et de délardement ; la ligne pleine qui est au-dessous est prise sur la face de l'arêtier en plan, et forme la somme totale de la largeur de l'arêtier F. Le déjoutement se prend en élevant des lignes parallèles à la ligne milieu ou d'équerre, prise sur la jonction des faces de bois en plans, et arrêtée sur les lignes représentant ces faces en élévation de l'arêtier, pour être menées à un point commun qui est la ligne de dos et celle de recreusement, lesquelles lignes sont disposées sur la pièce de bois comme au plan, rapport au dévoiement. On peut tracer l'arêtier d'une autre manière, tel est celui coté H : la hauteur de la fermette B étant commune à toutes ces pièces, on prend la longueur en plan du milieu à l'angle, comme l'enseignent les parties de cercles qui, s'arrêtant sur la ligne horizontale qui sert de base à la fermette avec le point de sommité de cette fermette, donne la longueur et la coupe de l'arêtier. Ici on n'a fait voir que la ligne de dessus et le délardement pour éviter la confusion des lignes ; le déjoutement des fermettes et chevrons de croupe se prend sur les points en plan, formés par la jonction des bois et dirigés au milieu, tels sont les chevrons de croupe renversés F, et celui de long pan C, qui donnent la forme de chacun d'eux travaillés.

La figure G est l'arêtier retourné et la forme qu'il doit
avoir.

Après avoir tracé ces pièces, on a procédé au tracé
des noulets : d'abord on a relevé la rampe du grand
comble sur lequel on doit coucher les noulets, *fig.* 1ʳᵉ.
Le moyen de relever cette rampe se prend de plusieurs
manières. Ici nous en indiquons deux qui sont par un
triangle isocèle : telle est la partie de cercle ponctuée 3 ,
et par le moyen d'une fausse-équerre ou sauterelle **A**, où
pend un plomb. Nous supposons que le comble sur
lequel on doit poser ces noulets n'est pas découvert, alors
on prend en dessous, comme l'enseigne la sauterelle **A** ;
ensuite ayant tracé la fermette *fig.* 3 et cotée **F**, on a
rapporté de la ligne milieu la sauterelle dont on a mis·
une des lames aplomb *fig.* 1ʳᵉ, étant rapportée *fig.* 3 ,
sur une ligne aplomb ; l'autre lame représente la rampe
ou obliquité du comble, qu'on prolonge jusqu'à ce qu'on
soit à la hauteur de la fermette, au point **C** ; puis on
mène l'horizontale ponctuée qui coupe la ligne de rampe
au point *b,* ensuite du point *c,* sur chaque chevron de
fermette on élève des perpendiculaires *c, d* et *d,* sur lesquels on met l'espace qu'il y a de *b* en *c,* tel que l'enseigne
la partie de cercle ponctuée des points *d, d;* à l'extrémité de chaque chevron de fermette, menez une ligne,
elle donnera la longueur des noulets.

Pour avoir le délardement, on suppose que les noulets
sont d'égale épaisseur avec les fermettes, alors on tracera
de la gorge de chaque fermette un trait carré ou d'é-
querre qui, s'arrêtant sur la ligne du dessus des chevrons,
donneront le délardement qu'on doit comprendre de
cette ligne à l'arête extérieure des noulets, la largeur est

à volonté ; ensuite on mène de la gorge des fermettes sur la ligne aplomb, vers le point G et parallèle à la ligne d'équerre, une autre ligne qui exprime la gorge du joint des noulets, tels qu'ils sont représentés par la figure G et H. Le r.oulet G est supposé comme s'attachant du pied contre les fermettes, et le noulet H est à dévert de pas sur la sablière ; le premier est bon quand l'espace qu'il y a de la fermette à la tête des noulets n'est pas considérable, ou que l'espace des fermettes entre elles nécessite une régularité ; mais celui à dévert de pas oblige d'avoir souvent un embranchement, car l'espace se trouve moins d'une largeur de chevron, ce qui rendrait l'espace du noulet plus large qu'elle ne doit ; la différence pour tracer le dévert du pas, n'est que de prolonger la face des noulets jusques sur une ligne tirée de l'about, parallèle à celle tirée de la gorge qui a donné le délardement. L'embranchement se coupe sur les fermettes, aux endroits pointillés et à partir du point C ; pour obtenir leurs espaces on représente le profil *fig.* 1ʳᵉ, en prenant l'espace qu'il y a soit du point 2 à 3 ou du point 1 à 3 par ligne aplomb, pour être rapporté, *fig.* 3, du point *c* à la ligne la plus basse ponctuée, soit du point *a* à cette même ligne, qui représente les abouts des embranchemens : la gorge s'obtient par le même moyen.

La figure 4 sont des noulets délardés en dessus et à dévert de pas ; pour les obtenir on prend l'écartement des fermettes, *fig.* 3 ou 2, des points 4 et 3, et la longueur de la ligne milieu, *fig.* 1ʳᵉ, des points 1 et 2 qui représentent le noulet en élévation ; vous rapportez cette longueur, *fig.* 4, de 1 à 2, et vous tirez des lignes représentant la longueur des noulets ; ensuite vous prenez, *fig.* 1ʳᵉ, l'épaisseur des noulets, en comparant la gorge de l'about, vous reportez cette gorge, *fig.* 4, dans le pied des noulets, qui vous donne la deuxième ligne ponctuée ; vous menez d'équerre l'about jusques sur cette ligne, et vous tirez la ligne parallèle où sont les hachures représentant le délardement à partir de l'arête du dessous.

Les places 6 et 7 hachées, sont l'emplacement des embranchemens. On obtient cette place en prenant la longueur qu'il y a du point 1 et 3, *fig.* 1re, et suivant l'obliquité, qu'on rapporte, *fig.* 4, des points 1 et 3 qu'on tire de niveau, et on obtient la place des embranchemens.

Nous parlerons plus amplement de ce noulet à la ferme couchée.

Planche XXV.

Pavillon carré.

Cette pièce est un pavillon simple, avec essellier, contre-fiches, coyers, entraits et poinçon ou aiguille.

Après avoir tracé le plan de projection et tiré les diagonales exprimant les arêtiers, on a élevé la ferme, *fig.* 1re, B, A, C, D, composée d'un entrait N, des essellières *e*, *f*, qu'on dispose de manière à ne pas gêner la circulation ni compromettre la solidité ; d'abord on a divisé sur l'entrait de l'about de l'essellier à l'about de l'entrait, l'espace qu'il y a en deux parties égales ; on a porté trois de ces parties de l'about de l'entrait sous le chevron, au point *e*, pour obtenir l'about du pied de l'essellier ; de cet about, on tire dans l'épaisseur des chevrons B, C, des petites lignes de niveau ; puis tirant la face de dessous des esselliers des points *e* et *f*, on a prolongé cette ligne passant par le point *g* jusqu'en *h*, ce qui a donné la contre-fiche dont on a eu la largeur en tirant sur la face des chevrons, et à partir de la ligne représentant le dessus, de petites lignes de niveau semblables à celles tirées aux esselliers, ce qui a donné les épaisseurs des contre-fiches et esselliers.

Néanmoins, de ce rapport d'épaisseur, ce n'est pas une règle invariable; il suffit de l'arrangement et de la justesse des emmanchemens. Après avoir tracé la ferme, on a descendu en plan les épaisseurs des chevrons de ferme qu'on a retourné sur les lignes des arêtiers, pour obtenir celles que doivent avoir les chevrons de croupe, par rapport à la différence des distances du milieu *o* au-dehors en long pan; et du dehors de la croupe ayant tracé ces lignes, on a tracé les épaisseurs des bois et leurs espaces en plan; pour les arêtiers, on a tiré sur l'extrémité de la ligne au point R, un trait carré *p*, *q*, sur lequel on a mis toute la somme ou grosseur de l'arêtier de R en *p* et de R en *q*, ensuite de ces points *p* et *q* on a mené de petites lignes d'équerre à la ligne représentant le dehors des sablières où, s'arrêtant, elles ont donné la grosseur et le dévoiement de l'arêtier, on a tiré les parallèles représentant les faces des bois, l'autre s'est obtenu en mettant la moitié de l'épaisseur de l'arêtier, de l'angle au point 1; du point, on coupe la diagonale à angle droit, qui, ayant rencontré les lignes des sablières, ont donné la grosseur et le dévoiement des arêtiers; on a mené des parallèles représentant les faces; les chevrons de croupes et longs pans ont été tracés en mettant une demi-épaisseur de chaque côté de la ligne.

Ces épaisseurs ayant rencontré celles des arêtiers, ont

formé des points qui donnent les déjoutemens, ensuite
on a tracé les empanons, qu'on a espacés convenablement pour être en rapport avec le genre de couverture
et les habitudes des pays ; puis on a tracé les goussets
formant l'enrayure, et dans lesquels doivent s'emmancher les coyers T, ou demi-entraits angulaires, *fig.* 3 ;
ensuite on a tracé le chevron de croupe, *fig.* 2, en mettant la hauteur qu'il y a de *o* en *d*, *fig.* 1re, qu'on a porté
de C en L, *fig.* 2, de même que les petites lignes de
niveau qui donnent les esselliers, entraits et contre-fiches,
en prenant par ligne aplomb, de la ligne A, B, *fig.* 1re,
aux points *e*, puis *g*, puis *h*, qu'on a rapporté dans le
même ordre, *fig.* 2, qui, avec l'épaisseur du chevron,
nous a donné les esselliers demi-entraits et contre-fiches.

Après avoir tracé le chevron de croupe avec son assemblage, on a tracé l'arêtier, *fig.* 3, en prenant le reculement ou longueur de la diagonale en plan, *fig.* 1re, de *o*
en R, qu'on a rapporté sur une horizontale, *fig.* 3, de *o*
en R. Sur le point *o*, on a élevé une perpendiculaire sur
laquelle on a mis les hauteurs des lignes de niveau des
esselliers, des entraits, des points de hauteur *g*, des
contre-fiches *h* et du couronnement *d*, qui ont donné les
points S, sur l'arêtier T, entrait ou coyer *g*, points de
hauteur V, pour la contre-fiche, et *d* pour la hauteur
totale ; ensuite on a tiré la ligne R, *d*, comme ligne de
dos de l'arêtier, puis on a pris au plan, *fig.* 1re, les
espaces qu'il y a de l'angle aux points 1 et 2 ; ces points
rapportés, *fig.* 3, du point *h*, ont donné le délardement
pour l'espace 1, et le fond de recreusement pour le chiffre
2 ; la face du bois étant semblable au délardement, on
l'a posé de la même manière, ce qui a donné la largeur

de l'arêtier et son délardement. **Le déjoutement V fut pris,**
fig. 1re, au plan du point O, à la jonction des bois;
celui-ci étant vu du côté du long pan, donne le déjoutement le plus long qui, étant pris comme il a été dit, fût
rapporté, *fig.* 3, de la ligne aplomb représentant le
milieu de l'aiguille et sur l'arêtier au point V, puis dirigé
vers le point de sommité, et le point que donne la hauteur de la ligne de fond de recreusement, ont donné la
forme que doit avoir le déjoutement du côté du long
pan.

Ensuite on a taillé le joint du coyer en prenant en plan
fig. 1re, du point *o* au devant du gousset, c'est-à-dire la
face la plus éloignée du centre; comme la plupart de ces
pièces sont disposées de manière à présenter une coupe
biaise au coyer, on prendra chacun des côtés de l'épaisseur du coyer et du point *o*, on rapportera ces longueurs,
fig. 3, de la ligne *o, g, d.* Sur le coyer ici, comme il est
vu du côté du long pan, on découvre la coupe biaise qu'a
le joint; les arêtiers et contre-fiches angulaires ici, sont
délardés et recreusés; ce n'est pas toujours nécessaire,
mais si on veut les mettre en rapport avec l'arêtier, il
suffira de faire attention que ce rapport naît des quatre
lignes qui forment l'arêtier, et que les petites lignes de
niveau tirées des abouts des esseliers et contre-fiches, dans
la largeur dudit arêtier, coupent ces quatre lignes; et des
points de ces intersections diriger celles données de la
ligne du dos à un point de hauteur; sur la ligne du milieu
de l'aiguille, celle donnée par le délardement parallèle à
la précédente; celle donnée par la ligne du fond de recreusement à un autre point de hauteur, sur la ligne de
l'aiguille; celle enfin donnée par la face inférieure de

l'arêtier, parallèle à la précédente, ont formés les esselliers et contre-fiches d'angle, ayant soin de ne pas se méprendre, et de se rappeler que l'essellier est délardé en dessus et recreusé en dessous; mais la contre-fiche étant disposée en sens inverse, elle est délardée en dessous et recreusée en dessus; son engueulement dans l'angle de l'aiguille s'obtient en tirant un trait d'équerre à son about et sur la ligne représentant l'angle de l'aiguille, au point où ce trait coupera la ligne de délardement, ce sera la longueur des barbes de l'engueulement (1); il en est de même des arêtiers. D'ailleurs, en examinant avec soin son emmanchure et la disposition de l'aiguille sur son angle, on peut se faire une idée de cette emmanchure.

L'arêtier et son assemblage étant relevés, on a tracé les empanons en plan, *fig.* 1re, c'est-à-dire qu'on a élevé du plan de projection les gorges et abouts des empanons 1, 2 et 3 du long pan, comme l'enseignent les incidences; les mêmes lignes coupant les chevrons de ferment dans leur épaisseur, c'est ce qui donne les longueurs et coupes de chacun de ces empanons, en observant qu'ils soient bien justes de largeur pour que la coupe soit bonne, autrement il faudrait prendre la coupe à la sauterelle, après avoir tracé la ligne d'about.

Ceux de la croupe, *fig.* 2, furent élevés de la même manière; on doit supposer que ces empanons sont couchés les uns sur les autres, et pour plus d'intelligence, on les a renversés sur leurs côtés, en observant qu'un côté de la croupe, comme un côté du long pan, peut

---

(1) Quelques-uns disent dégueulement.

servir pour les deux, en prenant la coupe en sens inverse; cette manière, quoique n'étant pas usitée parmi les charpentiers, n'en est pas moins très-utile, surtout pour de petits combles ; elle dispense de faire une herse ou développement, telle est la figure 4, qu'on a obtenue comme aux pyramides, en prenant la longueur de la base, *fig.* 1re, ou la longueur de la ligne A, B, qu'on a rapportée sur une ligne, *fig.* 4, au milieu de laquelle on a élevé une perpendiculaire prolongée, sur laquelle on a mis la longueur du chevron de croupe, R, L, *fig.* 2, qui a formé un triangle isocèle en tirant des lignes de ces trois points; ensuite on a pris la longueur des côtés du plan, *fig.* 1re, de R en C, qu'on a rapportée, *fig.* 4, de l'angle des arêtiers, en décrivant une partie de cercle; puis on a pris, *fig.* 1re, la longueur des chevrons de long pan *c, d,* on a rapporté cette longueur, *fig.* 4, sur la ligne milieu, et à l'extrémité du triangle; puis on a croisé sur la partie de cercle tracée un point qui donne le triangle rectangle, que forme le côté développé. Sur chacune de ces bases de triangle, on a rapporté tous les points représentant les épaisseurs de bois tracées au plan, *fig.* 1re, pris sur chaque ligne de sablière ou côtés du parallélogramme, dans le même ordre qu'audit plan, et on a tracé les épaisseurs de bois; puis, pour avoir le démaigrissement des empanons, on a tiré des petits traits d'équerre de la gorge des chevrons, *fig.* 1re et 2; de la tête et du pied on a pris la longueur de ces traits d'équerre aux abouts qu'on a rapporté : de cette manière le pied du chevron de croupe, *fig.* 2, au pied des empanons, *fig.* 4, la tête du chevron de croupe, *fig.* 2, portée *fig.* 4, sur des lignes aplomb à partir de la ligne des arêtiers; puis, pour les

longs pans, de trait d'équerre du pied du chevron, *fig.* 1re,
porté sur la ligne de base du rectangle, *fig.* 4, ou pied
d'empanon ; ensuite, de la tète du chevron, *fig.* 1.ᵉ, porté,
fig. 4, sur des lignes aplomb ou d'équerre à la base, et à
partir de la ligne de l'arètier, tirez des lignes, et vous aurez le démaigrissement de la tète et du pied des empanons.

Il faut observer pour que l'opération soit juste, que
les chevrons soient d'épaisseur semblable aux chevrons
de ferme, autrement on se contentera de tracer les abouts
du dessus et le reste à la sauterelle.

Planche XXVI.

Pavillon sur liernes.

La figure 1re de cette planche est une ferme disposée à
recevoir des liernes et avec exhaussement.

Après avoir tracé le plan par terre (projection horizontale), comme à la pièce précédente, on a formé un exhaussement, puis on a tiré une ligne représentant le dessus
des blochets ; cependant cette ligne ne doit pas toujours
être le dessus des blochets, on doit concevoir que ces
sortes d'emmanchures sont subordonnées aux convenan-
ces ; mais ici nous l'avons disposé de cette manière, cette
ligne représente le dessus de la plate-forme où se doit poser le comble qu'on a divisé en deux parties égales, ou prolongé la ligne milieu du plan, ensuite on a fixé la hauteur
du couronnement ; et après avoir tiré des lignes représentant le dessus des chevrons, on en fait l'épaisseur, puis
une épaisseur de contre chevron ou arbalètrier devant
emmancher les liernes ; ensuite on a descendu en plan la

gorge du chevron qui fait l'about de l'arbalêtrier, puis la
gorge de l'arbalêtrier prolongée jusque sur la ligne d'arête
des arêtiers, ce qui a donné les épaisseurs des arbalêtrier et chevron de croupe; ensuite on a disposé un entrait des essellières, contre-fiche, jambe de force et poinçon; pour obtenir les essellière et contre-fiche, on a opéré
comme à la planche précédente, les jambes de force ont
été disposées de manière à laisser un intervalle entre leurs
abouts et celui des esselliers; ces dispositions de jambes
de force sont pour ménager de la place dans les greniers,
on a disposé le pied desdites jambes de force de manière
à être le plus possible aplomb des murs ou pans de bois,
de manière à ne porter le moins possible à faux, puis on
á tracé l'enrayure en plan en descendant les gorges et les
abouts de l'entrait et du demi-entrait de croupe, puis
on trace les goussets d'angle de la même manière qu'à la
pièce précédente, ensuite on construit le chevron croupe
en rapportant les hauteurs des lignes d'abouts d'entrait de
hauteur sur la ligne milieu et de contre-fiche dans l'épaisseur de l'arbalêtrier comme l'enseigne cette pièce et
par les mêmes moyens qu'à la planche XXVe; ensuite
on a divisé le chevron en deux parties égales, le milieu
étant trouvé, on a tracé la mortaise de la lierne, et on a
mené le dessous d'équerre au chevron jusqu'à une ligne
milieu, on pend un plomb, puis on a descendu en plan
les quatre arêtes de la lierne, comme elles sont exprimées,
puis on les a retournées en croupe, ensuite on a pris par
ligne aplomb la hauteur du dessous de la mortaise du
côté du chevron qu'on a porté au chevron de croupe au
point 3, de ce point on a tiré une ligne d'équerre prolongée jusque sur la ligne milieu de l'aiguille où pend un

plomb; ensuite on a espacé des empanons parallèles aux chevrons en croupe 0, 4, 3, 2, 1, on a élevé les gorges et abouts sur le chevron de croupe, qui ont donné les empanons 1, 2, 3 et 4; il en fut de même en long pan de ceux marqués 1, 2, 3, et sur le chevron 1, 2 et 3.

Pour tracer l'arêtier, on a pris le reculement, comme à la planche XXV, de H en *i* ou de *p* en *i*, qu'on a rapporté sur une horizontale, *fig.* 3, du point H au point *i*; puis on a pris en élévation, *fig.* 1re, la hauteur de l'exhaussement, puis celle de la ligne d'about de jambe de force, puis celle de l'esselier, puis l'entrait, puis les points de hauteur sur la ligne milieu de l'aiguille, puis celle de la contre-fiche, puis le couronnement qu'on a rapporté sur la ligne tirée d'équerre à sa base, *fig.* 3; et dans le même ordre, on a tracé les lignes d'exhaussement, d'about, de jambe de force, d'essellière, d'entrait, de point de hauteur, de contre-fiche et de couronnement, et on a tracé l'arêtier avec son assemblage en employant les mêmes moyens qu'à la planche XXV : ensuite pour avoir la mortaise de la lierne et les rampes qui leur sont propres, on a pris par ligne aplomb la hauteur du dessous de la mortaise de la lierne, *fig.* 1re, et du côté du chevron on l'a rapporté, *fig.* 3, par ligne aplomb, pour obtenir la petite ligne ponctuée, qui fait suite à l'about de la mortaise et arêtier, sur la ligne de fond de recreusement ou du dos de l'arêtier ou arbalètrier d'angle. Pour avoir la rampe du côté du long pan, qui est celui apparent, on a pris, *fig.* 1re, le point où se rencontrent les lignes d'équerre, et où pend un plomb; on a porté ce point par ligne aplomb, *fig.* 3, sur la ligne milieu du poinçon, puis du point formé par la petite ligne de niveau

et la ligne de fond de recreusement, on en a tiré une de
pente avec le point sur la ligne qui donne la rampe du
côté du long pan ; pour avoir celle de la croupe, on a pris
la hauteur du point où pend un plomb dans l'élévation
du chevron de croupe, qu'on a porté sur la ligne milieu
de l'aiguille au-dessus de la ligne d'exhaussement K, et on
a tiré la ligne de rampe, de la croupe. Il faut remarquer
que la mortaise n'est pas et ne doit pas être dans la direction des lignes de rampe, mais sur la face des arêtiers,
par le moyen de la petite ligne de niveau arrêtée sur la
ligne représentant la face de l'arêtier, alors on tire un
trait parallèle à la rampe : le dessus se met de la même
manière.

Pour rapporter l'occupation des empanons sur l'arê-
tier, on prend de la ligne H *i* du plan, *fig.* 1re, l'espace
des empanons qu'on rapporte, *fig.* 3, de *i* en H, puis on
élève des lignes qui coupent diagonalement, celles représentant la partie supérieure de l'arêtier et donnant les
places où on doit les fixer. Cette opération se fait quand
on emmanche les empanons à tenons ; mais cette précaution est inutile quand on les met à cloux.

La figure 2e est la herse ou développement obtenu
comme aux pyramides et à la planche XXVe ; mais pour
rapporter les liernes, on a pris sur chaque chevron ou arbalêtrier de l'about à la mortaise V, F, *fig.* 1e, qu'on a
rapporté de Q en 2, *fig.* 2. puis ayant tiré parallèlement à
la ligne de base V, on a tracé la lierne S, qu'on a arrêtée
au démaigrissement des empanons, puis on est venu en
croupe *fig* 1re, on a pris la longueur du point X au point 5,
qu'on apporte, *fig.* 2, du point O au point A, et on trace
la lierne parallèle à la base O. Les démaigrissements ont

été pris comme ceux des empanons en prenant par la tête de chaque arbalêtrier la gorge amenée d'équerre sur la ligne de dos prise en long de l'arbalêtrier, et rapportée sur une ligne aplomb, *fig.* 2, à partir de la ligne de démaigrissement, puis tirée parallèle à cette ligne, observant de prendre le long pan pour rapporter en long pan, et la croupe pour rapporter en croupe.

Planche XXVII.

Pavillon sur lierne avec croix de Saint-André et liens liernes.

Après avoir disposé la ferme, *fig.* 1re, tracé le plan de projection et élevé le chevron de croupe ; *fig.* 2, lequel n'est que supposé, on a disposé le développement, *fig.* 3, de la même manière et par les moyens indiqués aux planches précédentes, on a mis les liernes qu'on a prises sur la ferme, *fig.* 1re, des abouts F, G, à la mortaise de la lierne qu'on a rapporté en herse des points *i* H au point 3, puis on a mené des parallèles à la base F H et *i* G, ensuite on a tracé la ligne de démaigrissement des empanons comme dans les pièces précédentes, en prenant les gorges amenées d'équerre, *fig.* 1re ; au point T, et en long des chevrons et arbalêtriers, on a rapporté ces espaces en herse, *fig.* 3, à partir de la ligne représentant la face de l'arêtier, et on a tiré les lignes T, dont l'une est le démaigrissement des chevrons, et partant l'about de la lierne, et l'autre en est le démaigrissement ; ensuite on a tracé les liens qui doivent la soutenir en divisant l'espace de l'about dans la lierne, à l'extrémité de ladite lierne, en deux parties égales, et on a mis trois de ces parties de la lierne en descendant la ligne de démaigrissement pour avoir l'about du pied de l'essellier, qui se trouve démaigri par la même ligne de la lierne, s'il est de même épaisseur, comme on l'a supposé ; ensuite on a amené les abouts et gorge parallèlement à la base ou la panne jusque sur la ligne représentant la demi-largeur du chevron de long pan, coté 1, 2 ; puis on a pris du pied desdits chevrons *i*, H, aux lignes 1, 2, l'espace qu'il y a, qu'on a porté sur les chevrons en élévation, *fig.* 1re, du pied desdits chevrons F, G, et on a tracé la mortaise du lien, qui n'est que supposée ; de cette mortaise tracée d'équerre dans l'épaisseur du chevron, on a descendu les quatre arêtes en plan ; arrêtées jusque sur la face de l'arêtier, puis on a pris sur la lierne en herse, *fig.* 3, du point 3 sur la ligne de demi-largeur de chevron les abouts et gorges 4 et 5, qu'on a rapportés en plan, *fig.* 1re, du point 3, sur la ligne de demi-largeur de chevron, et on a marqué les abouts et gorges 4 et 5, puis des points 1 et 2, sur la face de l'arêtier, on a tiré les lignes représentant la face supérieure du lien ou essellière. Pour exprimer les quatre arêtes, on mène du point 1 sur la face de l'arêtier des petites lignes d'équerre de l'about en dessus jusqu'à ce qu'elle touche la ligne de l'about en dessous, et de la gorge en dessus à celle de dessous, ensuite dessous la lierne les abouts et gorges du dessus poussés d'équerre à la ligne du dessous de la panne (1) et des angles que forment

---

(1) Il faut comprendre par ces mots : en dessus, en dessous, que quoique ce soit la face de dessous de la lierne, la partie qui reçoit les chevrons est considérée le dessus, et la partie opposée comme étant le dessous.

ces lignes. On trace les deux autres arêtes du lien lierne, puis de l'about sur la lierne, on mène une ligne d'équerre arrêtée sur la face de l'arêtier au point O qu'on élève jusqu'à ce qu'il rencontre la ligne tirée d'équerre représentant la face du dessous de la lierne ou panne au point P, où il y a une flèche. Ce point est celui qui doit donner la rampe de la mortaise du lien dans l'arêtier, *fig.* 4 : pour tracer cette mortaise et la rampe qui lui est propre, on a pris soit le reculement des points 1 et 2, en plan *fig.* 1re, à partir du milieu de l'aiguille pour les rapporter, *fig.* 4, de la ligne A, sur la face de l'arêtier et sur la ligne représentant le dessus de la lierne ou en prenant la hauteur par ligne aplomb des lignes incidentes sortant de la gorge et l'about de la mortaise du lieu dans le chevron à partir de la face du dessus et prise d'une ligne de niveau, telle serait la ligne G, S, S, F, *fig.* 1re. Pour porter ces hauteurs, *fig.* 4, à partir de la ligne S, et sur la face de l'arêtier dans la direction de la ligne représentant le dessus de la lierne, il serait même prudent d'employer les deux moyens comme vérifiants. Ces points étant donnés ainsi que ceux de la mortaise de la lierne qu'on a obtenu par les mêmes moyens, et comme il a été expliqué à la planche précédente, on a pris, *fig.* 1re, le point où se réunit les lignes des pannes tirées d'équerre aux chevrons. Ce point étant porté sur la ligne A, *fig.* 4, où il y a une flèche, et au-dessous de la ligne S, on a tiré du point de dessus de l'about de la mortaise de la lierne une ligne qui a donné la rampe de cette mortaise. Puis on a pris par ligne aplomb le point P., *fig.* 1re, où il y a une flèche, à partir de la ligne S, on a porté cette hauteur, fig. 4, à partir de la ligne S, et coupant la ligne de rampe de la panne ou lierne

aù point Q , on a vérifié ce point en prenant en plan ,
fig. 1re, l'éloignement qu'il y a du milieu de l'aiguille au
point O, et on a porté cet espace de la ligne A, *fig.* 4,
au point S, qu'on a élevé, et qui doit rencontrer le point
Q , ce qui assurera si l'opération est juste. De ce point Q
avec le point d'about sur la ligne tirée sur la face de l'arêtier, on a tiré une ligne qui a donné la rampe de la mortaise.

Ayant tracé ces mortaises et rapporté les assemblages
dans l'arêtier de la même manière que les pièces précédentes, on a construit en croupe une croix de Saint-André, à dévers de pas sur la sablière.

On suppose qu'une cheminée doit passer dans le milieu
de la croupe et qu'elle empêche d'y placer un arbalétrier
de croupe, alors, comme le comble a besoin d'être stabi-
lisé et les empanons soutenus, on a tracé la croix de Saint-
André, déjà en herse ou développement, *fig.* 4. Pour
mieux juger de la grosseur des bois, après avoir tracé les
démaigrissements des chevrons ou empanons, qu'on a
obtenus comme aux longs pans, on a tracé d'abord une
branche de croix, puis, pour avoir l'autre uniforme, on
a tiré, d'équerre à la ligne milieu, des lignes exprimant
l'about et la gorge de la branche de croix, telles sont les
lignes K, L, puis, du point E, par le pied, on a pris
l'espace de celle déjà tracée, qu'on a passée de l'autre
côté, et on a croisé l'autre branche de croix; les démaigrissements de la tête et du pied ont été pris, *fig.* 2, sur
le chevron de croupe supposé, et pour la croix de Saint-
André. Sur l'épaisseur de l'arbalétrier supposé, on a rapporté les démaigrissements du point E, *fig.* 3, et on a

tracé les lignes ponctuées ; pour la tête on est venu prendre à la tête du chevron, *fig.* 2, déjà du point C, qu'on a rapporté, *fig.* 3, de la face des arériers à leurs jonctions à la tête et sur la ligne aplomb ; ensuite on a pris, *fig.* 2, la partie de l'arbalétrier au point O, qu'on a rapportée *fig.* 3, à partir du point de démaigrissement de chevron et sur la ligne aplomb, et on a marqué le point V ; on a tiré de chaque côté des lignes parallèles aux arêtiers, et on a eu le démaigrissement des croix de Saint-André, ensuite on a pris du point E la jonction de la face de dessous de la branche de croix sur la ligne milieu qu'on a portée, *fig.* 2, du point E, et on a tracé le point d'où on a tiré la ligne X d'équerre au chevron, et prolongée jusque sur la ligne horizontale, où étant, on l'a tirée en plan jusqu'à la ligne milieu au point R, ensuite on a pris, *fig.* 3, du point E, les lignes K et L, qu'on a rapportées, *fig.* 2, de E aux points K et L, qui sont tirées d'équerre à l'arbalé-trier et dans son épaisseur, ce qui a formé un petit.carré, des angles duquel on a descendu des lignes prolongées en plan jusque sur la face de l'arêtier ; les deux lignes données par le dessus de l'arbalétrier, *fig.* 2, étant arrêtées sur les faces des arêtiers en plan, comme il a été dit, on a mené de chacune d'elles une petite ligne d'équerre, jusqu'à la rencontre de celle donnée par la face de dessous, ensuite on est venu prendre en herse, *fig.* 3, l'écartement ou distance qu'il y a de la ligne E, U, aux abouts et gorges du pied de la croix de Saint-André, qu'on a rapportés en plan, *fig.* 1re, du point E, et on a fixé les gorges et abouts de la croix de Saint-André sur la sablière, puis,

de chaque gorge au point R, on a mené des lignes qui
ont tracé la rampe de chaque pied de branche de croix
sur la sablière de plate-forme, les abouts furent mis parallèles; ensuite, de ce tracé des quatre angles de parallélogrammes ou pas sur la sablière, et des deux autres
petits parallélogrammes formés par les lignes K, L; dans
les arètiers on a tiré des lignes qui, exprimant les quatre
angles de chaque pièce, forment la croix de Saint-André.

Pour avoir la rampe des mortaises dans les arètiers,
fig. 4, on a pris la hauteur qu'il y a de la ligne E, R, *fig.*
2, sur les incidences K, L des angles du carré tracé dans
l'épaisseur de l'arbalétrier, puis on a porté ces hauteurs
par ligne aplomb, à partir de la ligne S, *fig.* 4, sur l'arètier, et on a marqué les points K, L, où on a pris en plan
du point milieu de l'aiguille aux points K, L, sur la face
de l'arètier, on a reporté ces longueurs, *fig.* 4, de la ligne
A, C, aux points K, L; ensuite, pour avoir le point qui
doit diriger la rampe, on a pris de la ligne E, R, *fig.* 2,
la hauteur du point X, où il y a une flèche qu'on a portée
fig. 4, de la ligne S, sur la ligne A, C, et on a marqué le
point où il y a une flèche, de ce point et du point K, sur
l'arètier, on a tiré la ligne X, qui est la rampe du dessous
de la mortaise; le dessus fut mis parallèle; il est à remarquer que les dispositions des branches de croix de Saint-
André, sont pour quand on a leurs emmanchures dans
les arètiers, presque d'équerre; c'est ce qui fait que les
rampes sont presque carrées; il n'en serait pas de même
si elles étaient disposées autrement; on peut aussi obtenir
les rampes en prenant en plan et en reculement du milieu
et sur la face des arètiers, les quatre lignes formant les

quatre arêtes de chaque branche de croix et les rapporter en reculement, c'est-à-dire sur la ligne horizontale de l'arêtier en élévation en élevant les points donnés par les lignes de dessus et arrêtées au-dessus, et les lignes de dessous arrêtées sur la ligne de dessous ; mais il n'en serait pas de même en prenant par ligne aplomb, il n'y aurait que les points de dessus qui seraient bons, mais ceux de dessous ne peuvent y être ; il y a des croix de Saint-André avec leur assemblage, c'est-à-dire avec leurs esselliers, contrefiches et entraits ; mais nous ne démontrerons que celle-ci : étant arrêtés par le plan de cet ouvrage, on conçoit aisément que, comme nous ne pouvons avoir de goussets d'enrayure, on est obligé d'emmancher les coyers dans l'entrait ; c'est pour cette raison que le chevron de croupe n'est que supposé, cependant s'il y avait des empanons de croupe, on pourrait les couper en plan sur l'élévation du chevron supposé, leur démaigrissement de la tête et du pied est toujours pris sur cette élévation, et c'est dessus qu'on pose la sauterelle ou fausse équerre, pour les empanons et pannes qu'on veut tracer par ce moyen.

Planche XXVIII.

Pavillon sur Tasseaux.

On appelle ainsi un pavillon où les pannes sont posées sur des tasseaux qui sont emmanchés avec tenons dans les arbalétriers ; quand les combles sont droits, on ajoute derrière les tasseaux des chantignoles avec embrévement, et retenus par des chevilles. Ce qui donne de la difficulté est le tasseau d'angle ou d'arêtier ; le système d'arrangement des pièces de comble est aussi différent de celui sur liernes; mais nous avons déjà dit qu'on avait disposé les jambes de force dans les arbalétriers sur liernes, par économie de place; mais ici nous supposons que le comble est spacieux, et l'emmanchure des jambes de force, disposées sous les entraits, semble donner plus de stabilité au comble, et partant plus de solidité; quelquefois on met des esselliers sous les entraits et dans les jambes de force; mais ils ne peuvent présenter qu'un accompagnement, ne pouvant, par leur obliquité, présenter un résultat sur lequel on puisse compter; on moise aussi de grands combles, et cette manière est préférable à toute autre, mais nous ne traitons ici que des pièces angulaires qui sont les seules qui présentent quelque difficulté.

Nous avons aussi, dans cette planche, donné des idées d'économie de temps, par les dispositions des épures; car la figure 1re présente la moitié d'une ferme de long pan, b, a la demi-ferme de croupe, a, b un arêtier et son assemblage ou demi-ferme d'angle, E, C le sommet ou couronnement, D est commun à chacune de ces demi-fermes, ainsi que les lignes horizontales et la ligne milieu. Pour obtenir le tracé des chevrons de croupe et arêtiers, il ne s'agit que de mettre une pointe sur le point milieu A, et prendre le reculement de chacun des points ou lignes formant ces pièces et emmanchures en plan, avec une règle dont on peut appuyer le bout contre la pointe, et faire mouvoir la règle comme ferait un compas, tel que les parties de cercle l'indiquent, où l'on voit les points 1, 2, 3 et 4 donner les lignes ou points d'emmanchures cotés 1, 2, 3 et 4, à chaque pièce; le reste se conçoit aisément, le tasseau angulaire est recreusé, et on l'obtient de la même manière que les rampes des mortaises de liernes (voyez pavillon sur liernes); mais il faut l'établir sur la rampe de croupe, car il n'y aurait plus assez de bois si on l'établissait sur celle de long pan , attendu que la rampe est plus couchée.

La figure 3 est le tasseau plus en grand avec les rampes a,d; c'est sur la ligne a,b du tasseau qu'on le trace, car la ligne d, b donne la faculté d'ôter du bois qu'on ne peut pas mettre sur la ligne a, b.

La figure 2 est la même pièce que la 1ʳᵉ; mais pour ne pas faire confusion de ligne, on a tracé à part cette épure qui est toujours la même, car si on eût disposé des empannons, *fig.* 1ʳᵉ, on eût eu le même résultat ; c'est encore par économie de temps et de place ; on peut espacer les empanons sur le plan, tels qu'on les voit à cette demi-épure ou tracé du plan ; alors on peut abattre la longueur du chevron A, B sur sa ligne de projection, telles que l'enseignent les parties de cercle arrêtées aux points 1, 2, 3, la panne 5 au point 5, puis menée d'équerre ou parallèle à la ligne de sablière ; ensuite, de l'angle et de la face de bois de l'arêtier en plan 1 et 2, tirer des lignes correspondant à l'extrémité des parties de cercle 1 et 2, ce qui donnera la moitié de l'arêtier ; le démaigrissement des empanons se mettant de la même manière, on n'a qu'à prolonger les empanons du plan jusqu'à ces dernières lignes, et on aura la moitié de la herse des longs pans ; retournant les coupes en sens inverse, on aura l'autre moitié. Il en est de même de la croupe C, D et de l'arêtier 1, 3, d et de la panne 4; ces pannes ne diffèrent des liernes que de la face de l'arêtier à la ligne milieu. On prend le démaigrissement du chevron et on le met à côté de la ligne de dos de l'arêtier ; c'est ce qui donne la jon-

gûeur des pannes; leur démaigrissement se prend comme
les liernes et se met en déduction du bout de la panne,
à moins qu'on ne le veuille mettre à la sauterelle. On peut
couper les pannes sur le plan, *fig.* 1re, en les déversant
par le moyen d'une sauterelle ou fausse équerre qui exprime la pente des chevrons; on met une lame sur le
côté de la panne qui doit porter les empanons; puis, on
met l'autre partie ou lame aplomb en déversant la panne;
ensuite on met une règle sur la ligne de dos des arêtiers
qu'on plombe, et on trace aplomb la coupe de la panne.
On coupe aussi les liernes de la même manière, il faut
considérer que cet arrangement ménage beaucoup de
temps et de place, et on sait de quelle importance est
cette économie en construction.

Planche XXIX.

Ferme couchée.

Cette pièce est un nolet à tout dévert avec son assemblage, et convient à la réunion d'un comble inférieur à
un supérieur; c'est en stéréotomie un prisme triangulaire pénétré par un autre prisme : pour l'obtenir, on
trace d'abord une ferme droite, *fig.* 1re; ici elle est sans
arbalétrier avec essellier et contre-fiche; ayant descendu
la ligne milieu, prolongée indéfiniment, on a tiré de l'a-
bout du pied de la ferme G, une ligne parallèle à la ligne
milieu; on voit que cette ligne forme le côté d'un triangle
rectangle dont l'hypothénuse est la pente ou penchement
que doit avoir la ferme couchée, *fig.* 3, ou si on conçoit
mieux, c'est la rampe du comble supérieur; cette rampe,
formée de deux lignes exprimant l'épaisseur de la ferme,

est considérée comme étant le milieu; aussi on a tracé l'aiguille couchée F, avec ses mortaises et son tenon.

Ayant tracé cette rampe, on a élevé une ligne au pied de cette rampe G, d'équerre à la ligne de base ou la ligne O, G, O, prolongée indéfiniment; sur cette ligne on a mis tous les points pris par hauteur, qui composent la ferme, *fig.* 1re, en commençant par l'about des esselliers marqué 1, qu'on a rapporté de la ligne de base G, sur la ligne qui lui est élevée d'équerre, *fig.* 3, et on a marqué le point *d;* ensuite on a pris la hauteur du dessous de l'entrait marqué 2, *fig.* 1re, qu'on a rapportée sur la ligne du point G au point 2, 2, *fig.* 3; puis on a pris les points qui se croisent sur le milieu de l'aiguille, cotés 3 et 4, *fig.* 1re, qu'on a rapportés sur la ligne du point G aux chiffres 3 et 4, *fig.* 3, on a également pris la hauteur de la tête de la contre-fiche au point 5, *fig.* 1re, qu'on a portée sur la ligne G, au point 5, *fig.* 3; enfin le point F de la ferme comme couronnement, qu'on a rapporté sur la ligne G, pour avoir la ligne F; cette ligne fut tirée parallèle à la ligne G, de manière à former le parallélogramme dont la ligne *d, a, b, c,* F forme la diagonale : ayant tracé ce parallélogramme, on a prolongé la ligne F jusqu'en F, *fig.* 2, arrêtée sur la ligne milieu F, G, *fig.* 1re, ce qui a donné la chute projective des nolets, en tirant des diagonales des abouts de la ferme au point F, *fig.* 2; la largeur desdits nolets, fut prise en menant des parallèles tirées des gorges du pied de la ferme, ce qui correspond à la gorge de l'aiguille couchée, *fig.* 3; ensuite on a tiré des lignes des points *d,* 2, 2, 3, 4 et 5, parallèles et prolongés jusque sur l'aiguille couchée, en traversant son épaisseur; puis on a descendu la gorge de l'aiguille couchée, c'est-à-dire la partie du dessous qui, confondue en plan, *fig.* 2, a formé le parallélogramme *o, o*, produit par la ligne *p*, qui a formé l'occupation du pied des nolets sur sa plate-forme, et partant projeté ses quatre arêtes. Ces lignes d'arête étant tirées, on a descendu dessus, d'abord, lés abouts des esselliers, pris aux points *d, fig.* 3, sur les lignes de rampe exprimant le dessous et le dessus.

Ensuite les points *a*, *b*, dessus et dessous, qui nous donnent l'entrait en projection, marqué au plan *a*, *b*, puis les points produits par la ligne 5, *fig.* 3, qui donnent la tête des contre-fiches, en plan marqué *c*, *c*, tiré avec les points *d*, *d*, des esselliers, *fig.* 2, se sont croisés sur la ligne milieu ; lesquels points d'intersection du plan correspondent au point *c* de la ferme couchée, *fig.* 3.

Après avoir tracé les branches de dessous et leur assemblage en plan, *fig.* 2, on a espacé la quantité de chevrons convenable pour remplir l'espace ; tels sont ceux exprimés en lignes ponctuées hachées sur la face blanche des noues et cotées 1, 2, 3, 4 5, lesquelles furent remontées en élévation, à partir de la ligne du dessus des noues, laquelle est engendrée par celle du dessus de la ferme ; ces lignes d'embranchement ou chevrons de noues élevés du plan, furent arrêtés sur le dessus du chevron de ferme, puis tirés de niveau ou parallèle à l'horizontale, ce qui a donné la coupe et longueur de chaque paire d'embranchement, à partir du point F, comme couronnement : il faut observer, pour que les coupes soient bonnes, qu'il faut que les largeurs des embranchements soient exactement exprimées en plan, autrement on ne remonterait que les abouts, et on mettrait la coupe à la sauterelle, comme il a été observé aux empanons.

Après avoir disposé les embranchements, on a procédé au tracé des noulets ou ferme couchée, faisant suite à la figure 3 ; il s'agit de suivre avec attention les parties de cercle sortant des points produits par les esselliers, entraits, points milieu, tête des contre-fiche et couronnements, qui ont donné les mêmes emmanchures répétées par les mêmes lettres et chiffres, ont donné les mêmes assemblages que la ferme droite, *fig.* 1re, et la pente de l'aiguille couchée a donné le rallongement desdites pièces, comparativement à leur position, en prenant le même écartement qu'à la ferme droite, *fig.* 1re, pour être mise sur la ligne *o, o,* aux points cotés de ces lettres.

Pour rapporter les embranchements dans la herse ou développement, on a pris du point G au point F, *fig.* 2, et sur cette ligne on a relevé les espaces des embranchements qui s'y trouvent, puis on a porté cette longueur, *fig.* 3, du point F, et on a fait une section vers la ligne ponctuée qui forme l'angle rectangle du triangle F O, puis on a pris, *fig.* 1re, la longueur d'un chevron de ferme, et si on veut toutes les coupes des embranchements qui s'y trouvent (ici nous nous en sommes abstenus pour éviter la confusion), on a porté cette longueur du pied du nolet au point *o*, et on a croisé la section formant l'angle rectangle, ensuite on a tiré la ligne *o* en élévation, et la ligne F du point d'intersection, puis sur cette dernière, on a mis l'espace des embranchements relevés comme il a été dit, et les tirant parallèlement à la ligne *o*, on a tracé les embranchements cotés 1, 2, 3, 4 et 5, prolongés jusque sur la ligne de face du nolet où étant, on a tiré des lignes horizontales ou parallèles à la ligne *o o* du nolet, et on a tracé l'occupation de chaque embranchement, qui, si on

emmanchait à tenons, donnerait le tracé de la mortaise ;
on aurait pu obtenir ces emmanchures ou coupes d'embranchement en les mettant sur la ligne *o* en élévation
après les avoir pris sur le chevron, alors on aurait tiré des
lignes d'équerre à la ligne *o*, et le résultat eût été le même,
mais nous nous sommes borné à cette manière. Le délardement du nolet, quand les embranchements sont d'é-
gale épaisseur, donne le démaigrissement ou gorge des
embranchements.

Il faut observer pour tracer cette pièce de trait qu'il
faut avoir ses pièces de bois disposées de toute la largeur
exprimée à la figure 3, et d'une épaisseur exacte à l'aiguille couchée ; autrement il en résulterait une incorrection d'ouvrage, une insolidité et une grande difficulté
dans l'assemblage ; en conséquence des largeurs, épaisseurs disposées convenablement, on mettra ces pièces de
manière qu'elles couvrent les lignes qui les expriment,
on relèvera exactement les joints et mortaises, ensuite les
délardements des dessus et dessous, on enlèvera le bois qui
doit être enlevé à l'outil, et on fera reparaître ensuite les
lignes que l'extraction de ce bois a fait disparaître, on suivra
avec soin l'ordre des lignes, et le résultat sera satisfaisant.

PLANCHE XXX.

Capucine à liens d'arête et comble impérial.

On appelle *capucines* les lucarnes qu'on pratique sur
les toits et qui ont une saillie pour préserver l'ouverture
contre la pluie ; il y en a de simples et d'autres plus com-
posées que celle-ci, mais nous ne donnerons qu'elle : elle
réunit trois difficultés qui peuvent se rencontrer particu-

lièrement, ce sont les arêtiers impériaux, les nolets et les liens d'arêtes; on obtient ces derniers en traçant la figure 1ʳᵉ, qui est la lucarne vue géométralement; sur la moitié de la demi-circonférence, on a fait une division d'ordonnées dont le nombre est arbitraire; ici il est de quatre ordonnées; ensuite on a tracé la projection horizontale ou plan de terre, *fig.* 2, sur lequel on a mis la saillie qu'on veut donner à la capucine, puis on a distribué sur ce plan les bois qui doivent la composer, dans un ordre et de telle épaisseur qu'on juge convenable (ici nous n'avons pas mis les sablières égales en épaisseur aux poteaux pour laisser plus de place à l'emmanchure des liens d'arêtes). Après avoir tracé en plan les liens d'arêtes et leurs embranchements, on a descendu sur l'un les ordonnées 1, 2, 3, 4, *fig.* 1ʳᵉ, jusque sur la ligne angulaire, ou du milieu du lien d'arête, puis on a retourné ces lignes d'équerre dans l'épaisseur du lien aux points 1, 2, 3, 4, où il y a des hachures exprimant le délardement, puis on a pris ces mêmes lignes ou points sur la diagonale G H, qu'on a portés, *fig.* 3, sur une ligne horizontale G H, où on a marqué les points 1, 2, 3 et 4, qu'on a élevé d'équerre, de même que les deux extrémités; ensuite on est venu en élévation, *fig.* 1ʳᵉ, prendre les hauteurs qu'il y a de la ligne diamétrale A à chaque division sur le cintre en commençant de A en X, qu'on a rapportées de G en X, *fig.* 3, puis le point 1, *fig.* 1ʳᵉ, rapporté sur la ligne 1, *fig.* 3, ainsi de suite, et on a obtenu la courbure elliptique du lien d'arête H X; ensuite on a pris, *fig.* 1ʳᵉ, la largeur du lien de vitreau, sur chaque ligne 1, 2, 3 et 4, qu'on a rapportée dans le même ordre, *fig.* 3, et sur chaque ligne 1, 2, 3 et 4; ce qui a donné la ligne ponctuée,

qui est parallèle à celle d'arête; pour avoir le délardement, on a pris en plan, *fig.* 2, les petits triangles
hachés, et sur la ligne milieu aux points 1, 2, 3 et 4,
qu'on a rapportés sur la face du lien d'arête, *fig.* 3, à côté
de celles déjà tirées et cotées 1, 2, 3, 4. Un seul de ces petits triangles suffit pour chaque ordonnée en le posant horizontalement sur des petites lignes tirées des cintres elliptiques, et vers le côté marqué H; ces espaces et les petites lignes de niveau donnent le délardement en-dessous,
et le complément de la face du bois en-dessus, puis pour
rapporter les mortaises des embranchements J K, on a
pris l'éloignement qu'il y a du point G, *fig.* 2, à la gorge
et about de chaque embranchement, et on les a rapportées sur la ligne G H, *fig.* 3, puis on les a élevées sur la face
du lien à partir de la ligne de délardement, c'est ce qui
a donné le tracé des emmanchures. On conçoit que le
lien d'arête s'emmanche dans l'angle d'un poteau, que ce
poteau doit être aplomb, et que par conséquent la coupe
du lien doit être d'équerre à la ligne horizontale. L'engueulement s'obtient par le moyen des petits triangles
qui donnent le délardement; mais il faut un embrève-
ment suffisant pour donner de la consistance au bois qui
se trouve tranché par la courbure, ainsi que les autres
liens; le tenon de la tête s'emmanche dans le petit
entrait qui se met au milieu de la lucarne et la sablière.
Ce tenon présente un retour d'équerre et s'obtient
par le petit triangle G, en plan, *fig.* 2, mais horizontalement. Quoique ce procédé soit le seul mis en usage et considéré le moyen le plus juste, on peut obtenir le lien d'a-
rête par un moyen bien plus prompt; il faut se rappeler
une section cylindrique obtenue par les ordonnées et

comparée par l'ovale fixe. Nous avons dit que les segments ou action du compas traçaient des parties de cercle, et que l'ellipse était susceptible de jareter. Mais la pratique nous a convaincu qu'on arrive plus juste par ce moyen simple que par le moyen des ordonnées, attendu que les ordonnées peuvent être ou mal descendues ou mal relevées; c'est pourquoi ces moyens d'abréviation m'ont paru mériter d'être expliqués, car l'économie du temps est considérable, on peut s'en donner une idée par la démonstration.

Après avoir tracé le vitreau ou ouverture de la lucarne, on procède au plan de terre : ce plan étant tracé, on tire une diagonale exprimant l'arête du lien, puis son épaisseur; on espace des embranchements, on procède à l'élévation du tracé dudit lien d'arête, et on prend le reculement ou longueur de la ligne angulaire. De l'angle du poteau H et le point G sur la ligne milieu du petit entrait, on porte cette longueur, *fig.* 3, sur une horizontale G I. puis on vient prendre la hauteur, *fig.* 1re, de A en X, qu'on rapporte de G en X, *fig.* 3, du point I et du point X, tracé l'ovale fixe, *voyez planche* VII, *fig.* 6; les foyers étant arrêtés sur les lignes horizontale et perpendiculaire, tirez sur ce dernier point un petit trait de niveau, apportez sur ce trait le petit triangle G, *fig.* 2, pris sur la ligne milieu, mettez cette longueur sur la ligne horizontale, et vous obtiendrez une deuxième ligne divergente ; c'est sur cette deuxième ligne que vous mettrez le compas sans changer son ouverture pour chaque segment, ce qui vous donnera le délardement et la face de bois ; pour le rapport des mortaises d'embranchement, il est semblable au précédent; il s'agit de tracer ces embranchements, on a tracé sur le cintre du vitreau ceux qui se trouvent en face en élevant les gorges et les abouts , tel que l'indiquent les incidences, et on a obtenu les embranchements *g, f,* qui doivent s'affleurer en dessus et en dessous.

Pour tracer ceux de la volée, marqués *j k* et le côté opposé, on a élevé le profil de la lucarne, fig. 4 , et c'est sur le cintre *k j* que se tracent les embranchements en volée, ayant soin d'en tracer deux en dessus et deux en dessous, c'est-à-dire que les fausses-coupes de deux soient apparentes, et les deux autres soient en sens opposé.

Ce profil, *fig.* 4, donne aussi la facilité de tailler les nolets; pour en faire le tracé, on élève sur la lucarne, *fig.* 1re, le comble de telle forme qu'on juge convenable; ici il est impérial. Cet impérial est formé par la conjonction de deux triangles équilatéraux ; ayant tiré une ligne oblique de *d* en *c*, *fig.* 1re, on l'a divisée en deux parties égales, puis de chaque de ces parties, on a fait un triangle équilatéral, la partie supérieure *b c a,* a donné la courbure *b c*, la partie *b d c* inférieure a donné la courbure *b d,* ensuite on a tiré une ligne de *a* en *e*, passant par le centre *b*. C'est sur cette ligne qu'on arrête les courbes parallèles qui expriment la largeur de chaque chevron, sur l'un desquels on a fait une division d'ordonnées en suivant les courbures extérieures. Ces ordonnées furent tirées de niveau ou parallèle à la ligne de sablière, et numérotées 1, 2, 3, 4 et 5. Cette opération finie, on a disposé le profil, fig. 4 , et comme on a eu l'intention de rendre la croupe plus raide que le long pan, on a divisé la moitié de la largeur qui est du dehors des chevrons à la ligne milieu, *fig.* 1re, en trois parties, et on a porté deux de ces parties au profil du dehors du pied du chevron à la ligne milieu, et on a tracé l'impériale moins étendue qu'à la figure 1re; on aurait dû tracer ce chevron par le secours des ordonnées de la figure 1re, reportées en plan, *fig.* 8, puis prises du plan pour être reportées au profil, *fig.* 4. Mais comme notre intention est de donner tous les moyens d'abréviations qui sont à notre connaissance, nous nous sommes contenté de tracer le chevron de croupe, *fig.* 4, par les mêmes moyens que ceux figure 1re, c'est-à-dire par des triangles équilatéraux; ce chevron étant tracé et pour comparer le système des ordonnées de celui des triangles, nous avons pris les ordonnées, *fig.* 1re, par ligne aplomb et les avons placées dans le même ordre, *fig.* 4, ensuite on les a tiré parallèlement à la ligne de sablière jusque sur une pièce oblique représentant l'épaisseur d'un nolet couché sur la rampe d'un comble, *fig.* 6. Ces lignes traversant l'épaisseur du bois furent tirées d'équerre à la pièce oblique du dessus et du dessous; le dessus exprimant le dessus du nolet : sur ces lignes tirées d'équerre et jusqu'alors indéfinies, on a pris l'éloignement qu'il y a de la ligne milieu au-dehors du pied du chevron impérial, *fig.* 1re, et on a porté cet espace sur la première ligne d'équerre, *fig.* 6, puis on est venu prendre celle cotée 1, *fig.* 1re, qu'on a rapportée sur la ligne 1, *fig.* 6, puis 2, puis 3, ainsi de suite, qu'on a rapportée sur les lignes 1, 2, 3, 4 et 5, tirées d'équerre à la pièce oblique, ensuite on a tracé la sinueuse qui forme l'impériale, puis on a pris l'écartement du dessous par les mêmes moyens, *fig.* 1re, et on les a rapportés de la même manière, *fig.* 6, ce qui a donné la sinueuse de dessous.

Ensuite on a tiré des points du dessous de la pièce oblique, d'autres lignes parallèles sur lesquelles on a mené de chaque point ou face du nolet de petites lignes aplomb qui ont formé de petits parallélogrammes rectangles, puis sur les angles supérieurs, on a tracé une deuxième sinueuse cotée 1, 2, 3, 4 et 5, qui donne le délardement. Le dessous peut être aussi délardé quoique ce ne soit pas toujours nécessaire, alors on prendra la ligne ponctuée pour ligne de délardement ; la coupe du pied s'obtient par le moyen de la gorge de la pièce oblique amenée parallèle ; la coupe de la tête est aplomb et ne présente aucune difficulté.

La figure 5 est un moyen d'abréviation, il faut observer qu'on n'a pas besoin d'ordonnées, par conséquent elles n'ont pas besoin de figurer nulle part ; on conçoit aisément qu'il y a similitude d'angle dans tout triangle, par conséquent le triangle équilatéral, grand ou petit, n'en aura pas moins 60 degrés d'obliquité, alors le rapport qu'il y a des droites à un point commun est le même pour quant aux moyens d'opérer ; enfin ayant tiré une droite du point C au point D, on l'a divisée en deux parties égales, puis on a tracé les triangles équilatéraux A B C D E, on a tiré une ligne de A en E, passant par B ; c'est sur cette ligne qu'on arrête le segment ou courbure du triangle ; pour avoir les délardements, élevez parallèlement à la ligne de rampe des foyers A E, des petites lignes sur lesquelles vous mettrez l'espace que donne la gorge de la pièce oblique à l'about, et vous mènerez une deuxième ligne A E, puis sans changer l'ouverture du compas, vous poserez une des pointes sur ces points, et vous tracerez l'autre sinueuse qui donne le délardement, et pour vous convaincre de la justesse de l'opération, disposez scrupuleusement les ordonnées, *fig.* 6, et vous les cintrerez par le procédé, fig. 5.

Les arêtiers, *fig.* 7 et 8, ont été tracés comme les nolets.

on a tracé le plan de terre M P S R, au-dessus duquel on a mis une demi-ferme impériale avec les ordonnées 1, 2, 3, 4. 5 et *n*, qu'on a descendu sur la ligne d'arête aux points 1, 2, 3, 4 et 5. On a pris cette longueur de ligne avec tous les points qui s'y trouvent qu'on a porté de *p* en *s*, fig. 7,; on a élevé des lignes, puis sur chacune d'elles, on a mis les hauteurs des ordonnées prises horizontalement, *fig*. 8, et rapportées dans le même ordre; et pour avoir le délardement, on a pris les petits triangles hachés en plan, qu'on a rapporté sur de petites horizontales, de la même manière qu'au lieu d'arête, au lieu qu'à la figure 8 on l'a élevé de son plan sur le point de sommité commun entre eux, et on a fait deux triangles équilatéraux. Le délardement s'est obtenu en prenant un des petits triangles hachés qu'on a mis en dedans des abouts et gorges sur la ligne de coupe qui est horizontale, et on a tracé le délardement et face de bois. La partie hachée en tête desdits arêtiers est le déjoutement pris à la jonction des bois comme l'enseigne la ligne ponctuée; on peut s'assurer de l'opération en passant sur les ordonnées; par ces moyens, on doit convenir de l'économie de temps qu'il y a dans ces moyens d'opérer et de l'avantage qu'elle présente pour l'entrepreneur.

PLANCHE XXXI.

Escalier quartier tournant.

Il y a deux choses essentielles qui doivent fixer l'attention de l'ouvrier dans les constructions de l'escalier, qui sont la hauteur et le reculement, ou espace à parcourir.

Quoique des démonstrateurs de trait, et notamment

M. Fourneau, nous donnent pour règle la hauteur doublée par la largeur pour obtenir ensemble 24 pouces ou
0,63 centimètres; la nécessité oblige souvent de manquer
à ses proportions, il s'agit de se conformer à l'emplacement, examiner le rapport des pièces à desservir l'élégance ou la facilité : car il y a dans des hôtels magnifiques des escaliers dérobés comme des escaliers principaux qui diffèrent beaucoup entre eux, mais dont le tracé
s'obtient par les mêmes moyens; cependant, quand on
pourra disposer d'un emplacement assez commode, on
emploiera tout ce que l'intelligence et les proportions
peuvent présenter pour répondre à la magnificence du
bâtiment; mais faire un escalier en employant trop scrupuleusement une méthode, sans manquer aux principes,
manque souvent de grâce, et on sacrifierait volontiers la
convenance à l'élégance. On fait des escaliers de différentes manières, qui peuvent varier autant que la place,
l'intelligence ou convenance l'exige. Ici nous présentons
comme principe de cette partie un escalier quartier tournant avec noyau recreusé et élegi. Pour en faire le tracé, on
mesure l'espace où on doit le placer, examinant avec soin
si on n'est pas gêné par la présence des ouvertures ou jeu
des portes, soit à son départ, soit à son arrivée; s'il n'y a
pas de poutres, solives, linçoirs, etc., qui pourraient gêner
la circulation, ce qui occasionne souvent de donner une
forme à l'escalier tout autre que celle qu'on aurait intention; ensuite prendre la hauteur à partir de l'endroit où
on doit poser la première marche G, qui doit être massive, et la solive H, où on doit arriver. Cette observation
n'est que pour les anciens bâtiments, et surtout les constructions en bois, où il y a souvent des pentes très-pro

noncées, puis tracer le plan, *fig.* 1ᵉ, ayant soin de tracer
le noyau le plus gros possible, afin que les marches qui
doivent s'emmancher dedans ne soient pas trop étroites,
après avoir fixé l'épaisseur des bois qui doivent être pour
la partie intérieure de 6 à 8 centimètres de grosseur. Ici
nous supposons que les parties extérieures sont des crémaillères en planche de 5 centimètres d'épaisseur, et que
ces crémaillères doivent être retenues contre des murs,
cloisons ou pans de bois, avec des pattes à scellement
ou clous convenables. Nous ne fixerons pas de largeur à
l'escalier, ni aux marches, ni de hauteur de sous-marches (1); mais nous dirons qu'on doit donner une largeur à l'escalier au moins semblable à celle des portes,
que la largeur ou giron de la marche soit plus large que
la hauteur du pas, qu'il ne peut avoir plus de 20 centimètres de hauteur, ni moins de 25 centimètres de largeur,
compris le quart de rond qui doit être de 4 centimètres
au plus pour une épaisseur de 5 centimètres.

Ayant disposé comme on a été obligé, on a divisé la
largeur en deux, puis on a tracé une ligne milieu qui fut
menée circulairement dans la direction du noyau; sur
cette ligne, on a divisé une quantité de largeurs de marches en prenant une proportion; cependant quand on divise sur la partie circulaire, il serait à propos de laisser la
ligne milieu du côté du noyau de quelques centimètres
progressivement, parce que la largeur des marches angulaires fait toujours un effet trop prononcé, qu'on doit
modifier autant qu'on le pourra.

---

(1) Quelques ouvriers disent contre-marches; mais je n'ai jamais vu
sur aucun traité que ce soit le terme qu'on doit employer.

Ces divisions étant faites, on tirera sur chacune d'elles des lignes représentant le devant des sous-marches, ayant soin avant d'arriver à la hauteur du noyau de retarder ou diminuer la largeur des marches en prenant des moyennes proportionnelles décroissantes jusqu'au milieu du noyau ou centre de la ligne courbe, puis croissante dans le même ordre jusqu'à ce que les lignes soient d'équerre ou parallèles entre elles.

Le tracé des marches étant fait, on contournera gracieusement la marche massive qui doit recevoir un patin, qui est une pièce horizontale, dans lequel s'emmanche le pied du limon et de la jambette, et sur ladite marche le poteau contourné en rouleau devant recevoir le bout de l'appui ou main courante ; ce tracé fini, on divise la hauteur de l'étage en autant de parties qu'il y a de marches.

Le compassement de cette hauteur étant fini, on trace sur quelque endroit que ce soit une de ces hauteurs, afin d'y recourir au besoin ; ensuite on extrait du plan, *fig.* 1ᵣₑ, les limons, crémaillère et noyau, en élevant sur l'extrémité de chaque marche des lignes d'équerre au tracé de chaque partie en plan ; ces lignes étant élevées, on sépare du plan par une parallèle l'élévation de chaque pièce, et à partir de cette parallèle et sur une ligne élevée, on met autant de hauteur qu'il y a de lignes élevées du plan, on croise ces hauteurs à angles droits, ou parallèles au plan, ce qui trace des parallélogrammes rectangles qui forment les hauteur et largeur de chaque bout de marches.

La figure 2 est un limon extrait de son plan par ce procédé ; la figure 3 est une crémaillère opposée au limon, et devant l'une et l'autre recevoir les bouts des mêmes marches; la figure 5 est le premier limon C, son noyau, patin, première marche, poteau en volute et main courante; les emmanchures des marches étant en-dessous sont tracées par des lignes ponctuées, la partie apparente est le panneau avec accompagnement des profils de la marche massive et du patin.

La figure 4 est sa crémaillère; la figure 6 est le noyau relevé en plan, *fig.* 1re, à la lettre E, qui fut reporté, *fig.* 6, sur lequel on a tracé la hauteur par récapitulation des marches, ce qui a donné l'emmanchure ou mortaise du premier limon, en prenant du dessus du joint du patin aux gorges et abouts des limons et main courante, *fig.* 5; ensuite on a tracé sur la partie arrondie la largeur des marches E au plan par deux lignes tirées sur le noyau, sur lesquelles on a porté deux hauteurs de marches faisant suite à celles du limon et du même écartement qu'en plan; ce qui a donné l'emmanchure du limon, *fig.* 2, et de le main courante.

Nous n'étendrons pas plus cette démonstration, qui nous paraît assez intelligible; nous recommandons seulement aux ouvriers de mettre le plus de goût, de soin et de raisonnement dans la construction de l'escalier, qui fait une des plus belles comme des plus utiles parties de la construction; nous lui recommandons aussi des joints à repos et d'équerre autant qu'il lui sera possible, surtout pour les appuis, où de longues coupes déjoignent par suite, et empêchent de couler la main ou la blessent.

Planche XXXII.

Escaliers sur courbes.

La figure première de cette planche est un escalier sur
un plan circulaire, connu parmi les ouvriers sous la dénomination de *genre français;* on le distingue de celui,
fig. 5, qui est genre demi-anglais (1), de ce que les courbes
reçoivent les marches et sous-marches dans des entailles
rectangles qu'on pratique à cet effet, et que le genre demi-anglais les reçoit sur des entailles comme des crémaillères : du reste, la manière de les obtenir est la
même. Après avoir relevé exactement la hauteur de l'é-
tage et examiné l'emplacement, on a tracé le plan, *fig.* 1re,
où on a menagé un jour proportionné à l'emplacement;
ensuite on fait sur la hauteur relevée une division pour
obtenir la quantité de marches qu'il peut convenir (ici
nous ne nous sommes pas arrêtés à la convenance d'un
lieu, mais seulement au tracé de l'épure et des pièces);
puis on a divisé la moitié de la largeur du plan, et sur
cette division, on a tracé le cercle ponctué, sur lequel on
a mis une quantité d'intervalles semblables à la hauteur,
en comptant la ligne ou intervalle 1 pour une hauteur,
puis 2, puis 3, etc., comme l'enseigne le plan; puis de
ces points et du centre des cercles, on a tiré des rayons
représentant le devant de chaque sous-marche jusqu'à

---

(1) Quelqués-uns disent de ce dernier escalier : onglet, parce que les
sous-marches s'ajustent à angles vifs avec les entailles des courbes. On
devrait dire anglet; mais je crois que c'est anglais, parce qu'ils imitent
les escaliers en marches massives, qu'on nomme escaliers anglais.

l'arrivée; ensuite on a tracé les épaisseurs des courbes A B sur le plan ; puis on a procédé au relèvement d'une courbe, *fig.* 2, qui est la courbe extérieure (1).

Ayant déterminé sa longueur, laquelle longueur est subordonnée à l'épaisseur des bois qu'on a employés, on a tiré la sous-tendante C, en plan, *fig.* 1re, et d'équerre à cette ligne, on a élevé sur chacun des rayons formant les marches intérieurement à la courbure autant de lignes indéfinies, ainsi que des extrémités de la courbe aux points *d, e*; puis sur ces mêmes rayons et extérieurement, d'autres lignes parallèles aux premières, sur lesquelles lignes on a mis des divisions de hauteur cotées 1, 2, 3, 4 et 5, lesquelles furent tirées à angle droit, à travers les lignes élevées du plan, et ont donné le dessus des entailles des marches ; et celles élevées de l'intérieur de la courbe, le devant des sous-marches. Après avoir reconnu les hauteur et largeur, on a mis un espace que quelques uns nomment *socles*, et que nous nommons *bandeau*, en dessus et en dessous des marches pour donner de la force à la courbe. Comme il a été expliqué à l'escalier sur limons, on a tracé ce bandeau d'équerre à la courbe, quoique bien des ouvriers le mettent par ligne aplomb ; mais quand les courbures sont irrégulières ou qu'il y a des marches de différentes largeurs , il en résulte un rétréci dans la courbe qui fait un effet très-désagréable, et qui détruit la grâce d'un escalier : c'est pourquoi on doit préférer de mettre ces bandeaux d'équerre avec des modifications.

---

(1) Quelques ouvriers appellent échiffre la charpente d'un escalier ; mais il ne faut pas s'y méprendre , l'échiffre est un mur rampant sur lequel on pose un escalier,

Ce tracé étant fait, on a procédé au tracé extérieur, en menant des petites lignes de niveau ou d'équerre, prises sur l'intersection que forment les lignes des marches et la ligne de bandeau ; ces petites lignes arrêtées sur celles élevées de la face extérieure des courbes en plan, donnent le débillardement ; mais on ne doit s'en occuper que quand les courbes sont cintrées et embouties.

Pour obtenir le cintre, que les ouvriers appellent courbe ou calibre rallongé, on a tiré une ligne H G, tangente aux points les plus saillants de la courbe, *fig.* 2 ; sur cette ligne, on a arrêté les lignes qui ont servi à construire la courbe, ou pour mieux dire, au tracé de cette pièce sur la face verticale ; puis on a tiré d'équerre à cette ligne toutes les lignes arrêtées sur elle ; ensuite on est venu prendre au plan, *fig.* 1re, la flèche ou bombement de l'arc L F, qu'on a porté sur la ligne F K du point K ; on a mené une parallèle à la ligne H G, cotée H G, qui exprime l'épaisseur de la courbe. A partir de cette ligne qui représente la sous-tendante du plan, et sur chaque ligne tirée d'équerre, on a mis l'intervalle qui se trouve entre chacune d'elles en plan, et reportées dans le même ordre : c'est ce qui a donné la courbe F H G.

Beaucoup d'ouvriers font des calibres en voliges sur ce tracé pour tracer les courbes ; mais ces moyens d'opérer sont très-longs et très-dispendieux : car rechercher la volige, la dresser, réunir, joindre et coller, puis faire sécher ou attendre, ensuite replanir, puis cintrer, comprend un grand espace de temps, du bois et de la colle, pour une courbe seulement ; il convient mieux de tracer de suite sur la pièce la courbure dont on a tracé le calibre. Notre intention étant de donner les moyens d'abréviation, nous signalons ici tous les moyens inutiles pour obtenir une courbe, et la facilité qu'on peut obtenir par la trigonographie (1).

1°. Il est inutile de refaire le bois sur toutes les faces, on peut opérer avec des bois irréguliers; des lignes jetées, plombées et retournées d'équerre, doivent en tenir lieu; 2° il est inutile de faire des calibres qui coûtent un temps et des dépenses que nous avons signalés plus haut; 3° il est inutile d'apporter son bois sur l'épure, car on peut tracer comme à la figure 8, dont il sera parlé; 4° il est inutile de faire des lignes d'adoucissement ou ordonnées, les marches donnent le même résultat; 5° il est inutile de tracer sur les faces intérieures et extérieures des lignes pour obtenir le débillardement; les courbes étant embouties, la ligne tracée du côté de l'emmarchement doit suffire en mettant une équerre sur chaque ligne aplomb ou en dégauchissant suivant le coup d'œil; car il vaut bien mieux contenter l'amateur que d'être trop méthodique; 6° il est inutile de polir la partie intérieure des courbes qui se perd dans le plafond, il vaut mieux employer ce temps à tracer une largeur régulière et de petite dimention jusqu'à la profondeur d'une feuillure qui doit recevoir les lattes et le plafond, le reste doit être brut.

Pour quant aux joints ou jonctions de courbes, ils doivent être d'équerre à la courbe avec un petit repos horizontal d'environ 1/6 de la largeur de la courbe; mais il est inutile de faire une fausse élévation; pour l'obtenir

---

(1) Je me sers de cette expression, comme n'employant pas de calcul, ce qui serait la trigonométrie; mais je crois que décrire les triangles est trigonographie.

faites la première courbe, et vous saurez la longueur que doit avoir chacune des autres; ces joints, appelés coupe de pierre dans le genre demi-anglais, doivent être faits comme à la figure 7; ayant laissé sur la partie horizontale, ou de niveau, qui doit recevoir la dernière marche de chaque courbe, un repos d'environ la saillie du quart de rond, tirez un trait d'équerre à l'obliquité de la courbe, et vous aurez le joint.

Dans le genre français, il est inutile de faire ni tenon ni mortaise ; le bois étant tranché ne présente aucune consistance et demande un soin particulier pour l'ajustement; il vaut mieux, après avoir ajusté le joint, y percer un goujon pour le contenir dans une direction stable; le boulon d'assemblage, qui est indispensable dans cette opération, dispense de toute autre précaution, plus la plate-bande qu'on incruste à chaque jonction rend la chose dans un état de solidité convenable.

Nous avons dit que nous donnerions un moyen de tracer une courbe ailleurs que sur son épure, sans panneau ni calibre ; après avoir tracé l'élévation, *fig,* 7, mais sans faire paraître la courbe sur l'angle de chaque parallélogramme, c'est-à-dire sur le devant des carrés donnés pour le tracé des marches et des points les plus saillants d'entre eux, on tirera la ligne M, N, qui coupera obliquement les lignes élevées du plan, *fig.* 4, sur une de ces lignes, et, touchant l'oblique, vous ferez un triangle isocèle avec telle ouverture de compas que vous croirez nécessaire ; néanmoins, observant que cette ouverture de compas ne soit pas plus grande que la pièce à tracer n'est large, tel est celui coté *o*, *p*, *q*, puis vous marquez cet espace sur une règle ou toute autre pièce devant servir d'étalon;

ensuite vous prenez l'ouverture du triangle de la ligne aplomb à la ligne oblique *p, q,* que vous marquez sur votre étalon, puis vous mettez une règle sur la ligne oblique M, N, et vous relevez toutes les lignes aplomb qui s'y rencontrent; ensuite vous prenez en plan la courbure au droit de chaque ligne que vous marquez sur votre étalon, en commençant par le bas jusqu'an milieu, pour finir sur une autre ligne à cause du décroissement des espaces ; ensuite vous allez avec ces mesures, qu'on aurait pu écrire sur un carnet, sur tel endroit où est le bois destiné à faire une courbe, telle est la pièce, *fig.* 8, que nous avons supposée courbe; naturellement cette pièce étant dans un état à ne porter que la somme totale en épaisseur, compris sa courbure, on a jeté en plan, *fig.* 5, au-dessus de la sous-tendante une ligne d'emprunt qui fut mise à même espace sur la pièce à tracer, *fig.* 8; cette ligne d'emprunt a servi à rapporter la courbure avec la précaution dont nous parlerons plus tard.

Sur le côté opposé au courbe de la pièce à tracer, on a tiré une ligne à rien de la face ou représentant la pièce dressée; sur cette ligne on a apporté le triangle *o, p, q,* sur l'extrémité de la pièce du point *o,* et touchant la ligne en *q,* on a décrit un arc de cercle sur lequel on a mis l'ouverture prise sur l'étalon, et on a formé le point *p,* qui, avec le point *o,* a donné une des lignes aplomb semblable à celle extraite du plan, *fig.* 4 et 7, puis on a tiré une parallèle à la ligne déjà tirée sur la pièce, et on a posé la règle sur chacune d'elles; et, suivant la ligne aplomb *o, p,* on a tracé les points marqués sur cette règle, exprimant les lignes de marches sur chaque ligne, ce qui a donné toutes les lignes élevées du plan; ces lignes étant

tirées, on a donné quartier à la bûche, et on a tiré, d'é-
querre à une ligne tirée à cet effet, les lignes aplomb traversant obliquement la largeur de la pièce ; ces lignes
étant tirées d'équerre, on a tiré une ligne d'emprunt rapport à la courbure naturelle de la pièce, telle qu'elle est
au plan, et on a mis les intervalles cotés au carnet ou sur
l'étalon, dans le même ordre qu'on les a relevées du plan,
et on a tracé la courbe ; puis, contrè-jaugeant la ligne
d'emprunt, pour l'avoir de l'autre côté, on l'a tracée de
l'autre côté.

La courbe étant bûchée et dressée par lignes aplomb,
lesquelles lignes on a obtenues en retraçant sur la courbure les points tirés d'équerre ; on a tracé les entailles des
marches en faisant des traits carrés , d'abord sur une
ligne qui, prolongée jusqu'à la ligne suivante, donne la
largeur de la marche, ensuite, sur cette ligne, on a mis
une hauteur de division de sous-marche, et on a fait un
trait carré, et ainsi de suite; et s'il n'y avait pas assez, ou
qu'il y eût trop de bandeau, on hausserait ou baisserait
les lignes parallèlement ; on doit bien se garder de faire
les entailles avant d'avoir ajusté les joints, car, s'il fallait
beaucoup reprendre aux joints pour les ajuster, on ne
serait plus en rapport avec les entailles, au lieu qu'en les
faisant après, on augmente ou diminue , selon le besoin,
la différence qu'il pourrait y avoir.

Les élévations géométrales ne sont d'aucune utilité dans
le tracé ; nous les avons élevées pour faire voir la forme
que doit avoir l'escalier au levage.

Le plan elliptique ne diffère du circulaire que par la
difficulté de tracer l'ellipse, et au lieu de diriger toutes les
marches vers les foyers de l'ellipse, il est à propos que

passant d'un segment à l'autre, on modifie les espaces; car en passant du petit au grand secteur, les têtes des marches éprouvent un changement dont la différence est trop prononcée; c'est pourquoi on augmentera un peu les dernières petites, et on diminuera un peu les premières grandes progressivement.

FIN DE LA PREMIÈRE PARTIE.

Pl. 1.
Fig. 1
Fig. 3.
F. 2
F. 4
F. 5
F. 7
F. 8
C
D   D
B   A
E
F. 6
F. 9
F. 10
F. 11
F. 12
F. 13
F. 14
F. 15
F. 16
F. 17

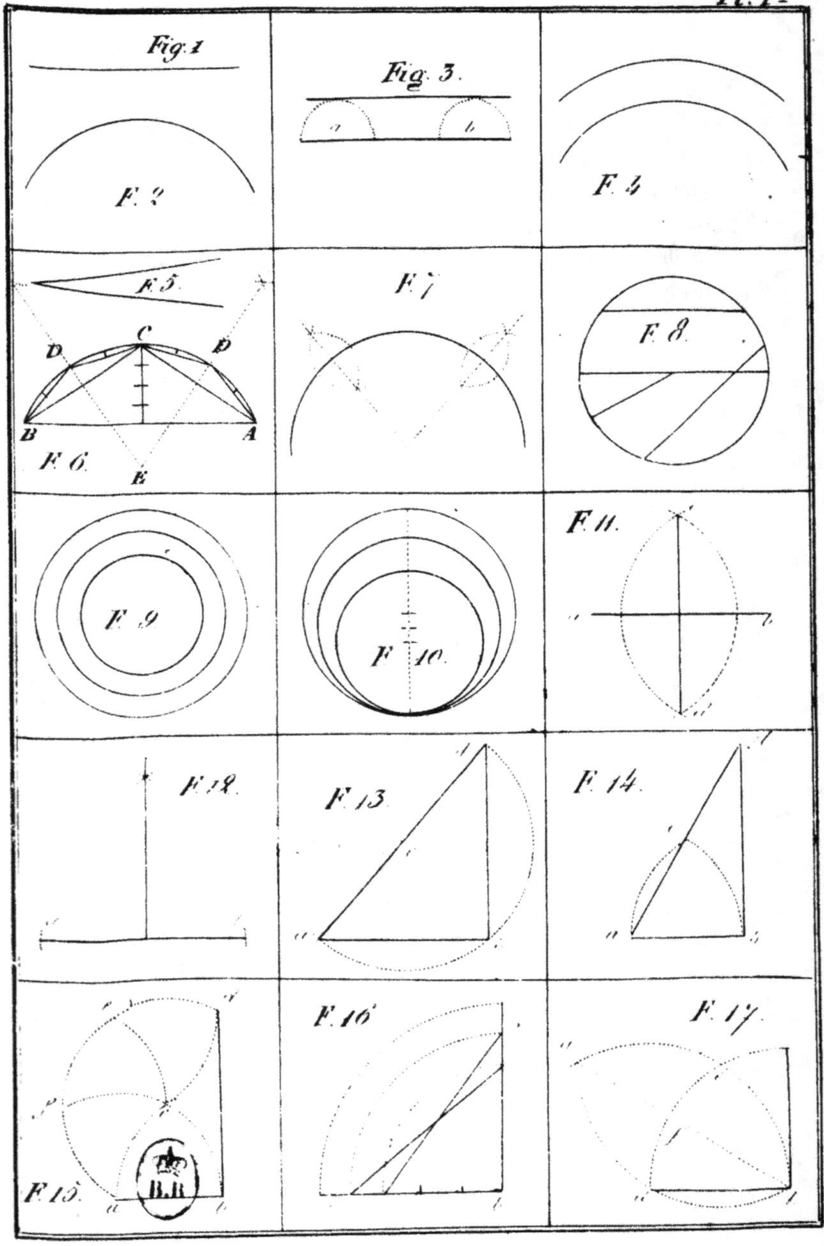

Pl. 2.
Fig. 2.
Fig. 1.
Fig. 3.
Fig. 4.
Fig. 5.
Fig. 6.
Fig. 7.
Fig. 8.
Fig. 9.
Fig. 10.
Fig. 11.
Fig. 12.
Fig. 13.
Fig. 14.
Fig. 15.

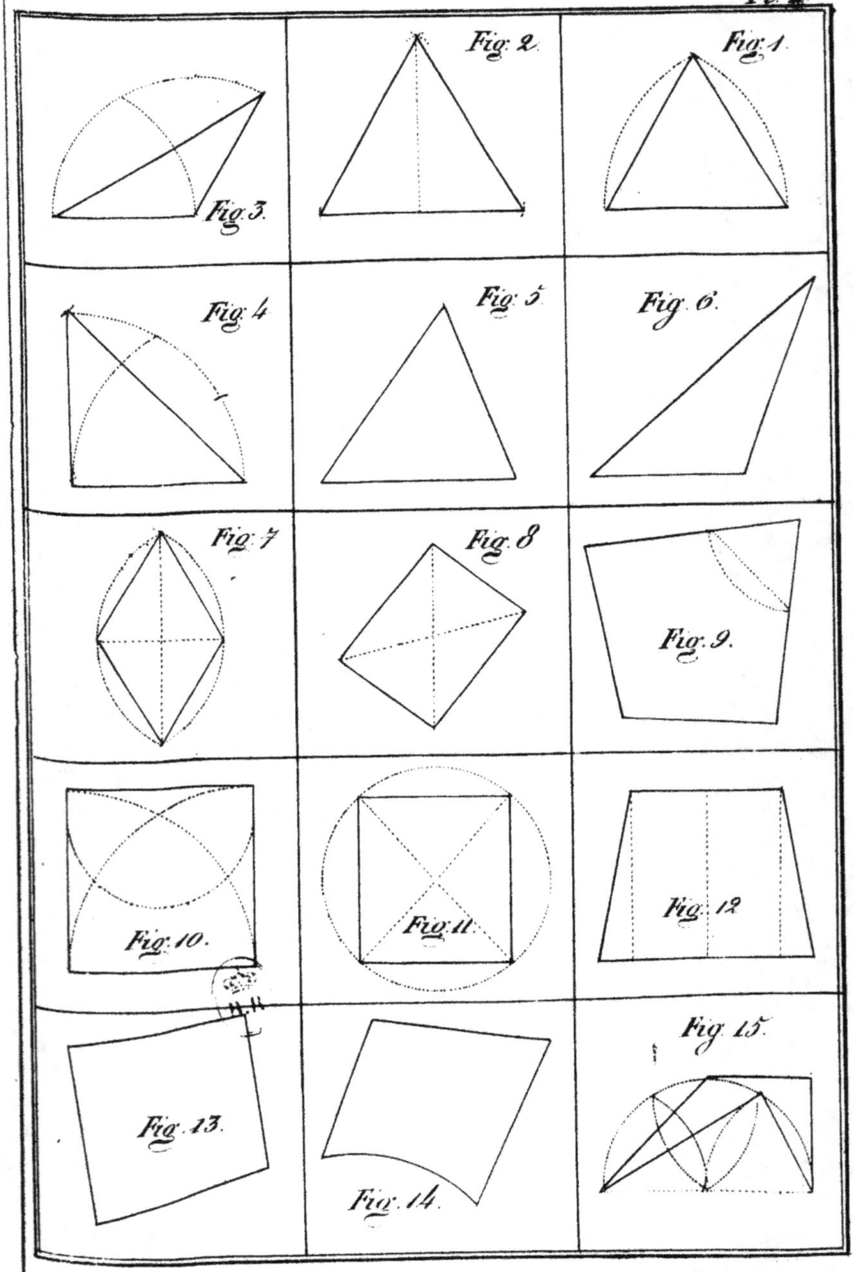

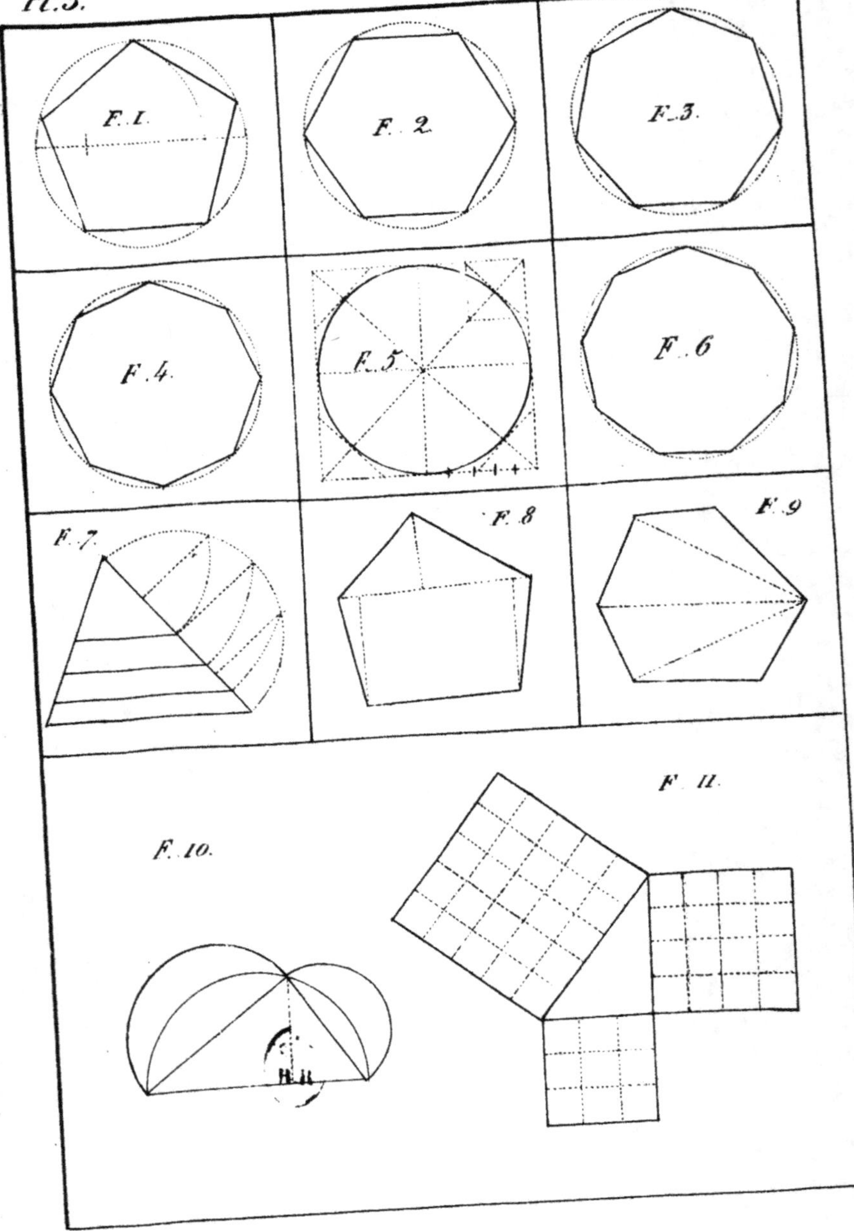

F. 1.
F. 2.
F. 3.
F. 4.
F. 5.
F. 6.
F. 7.
F. 8.
F. 9.
F. 10.
F. 11.

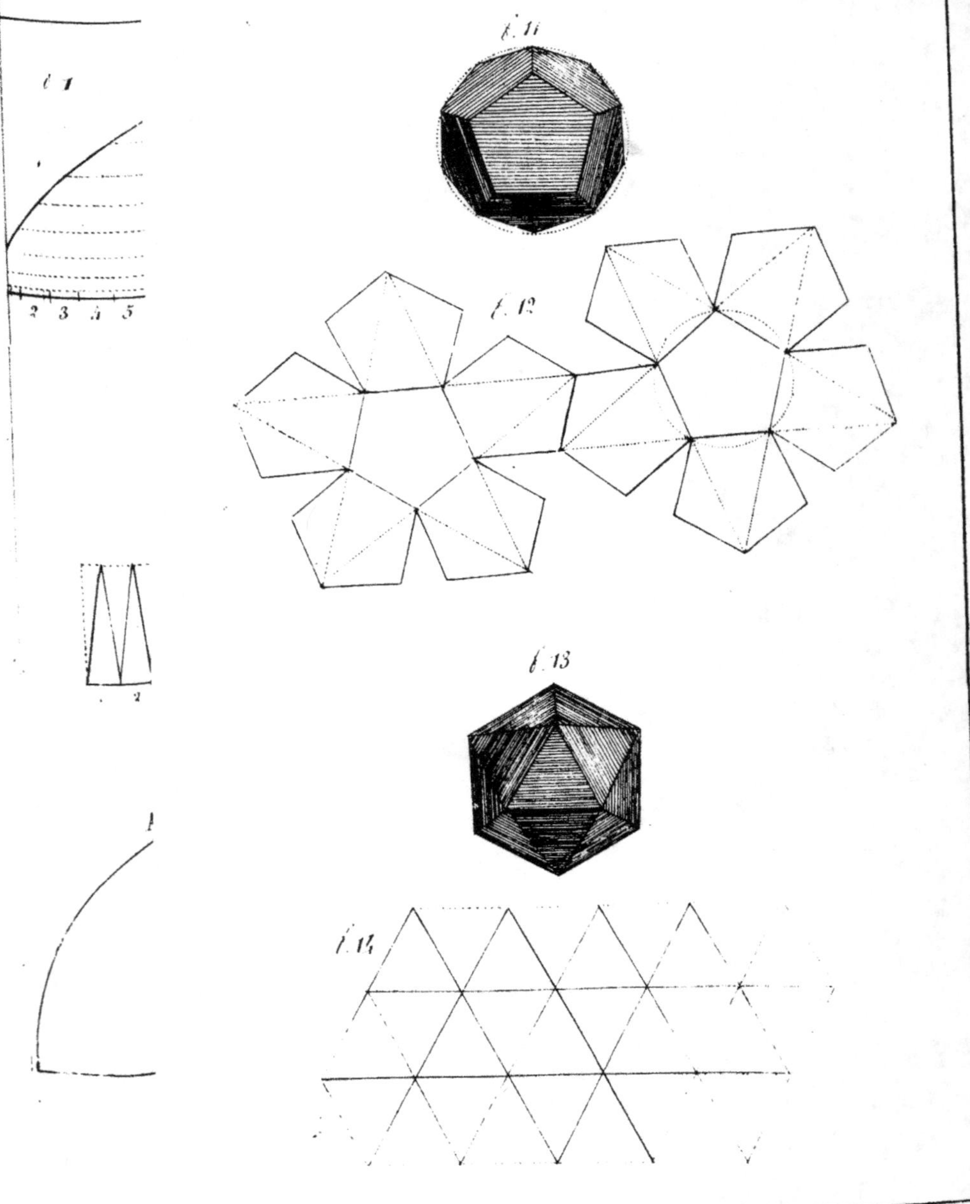
f. 11
f. 12
f. 13
f. 14

A
B
D

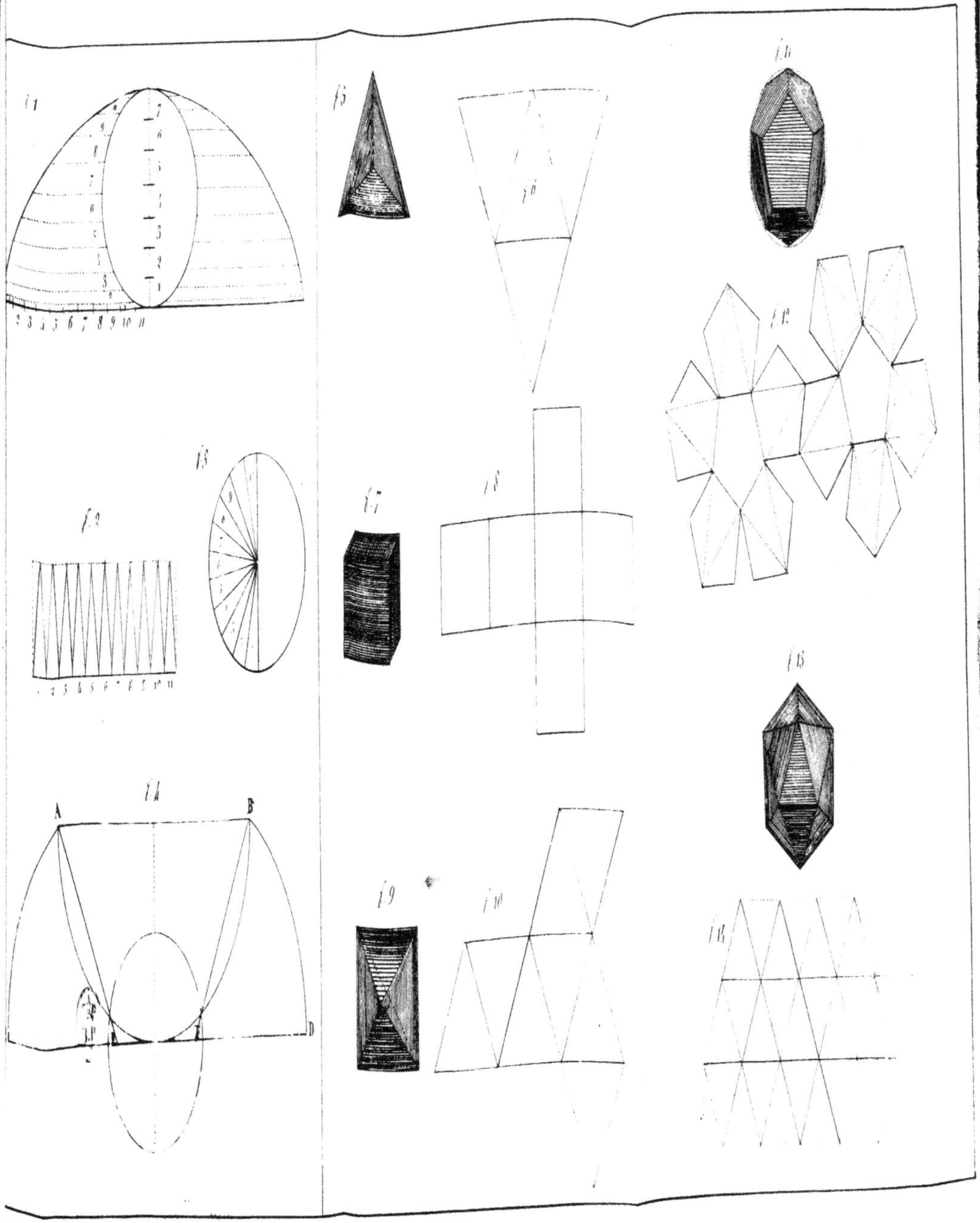

des Solides réguliers.
Des Prismes tronqués
Pl. 5. 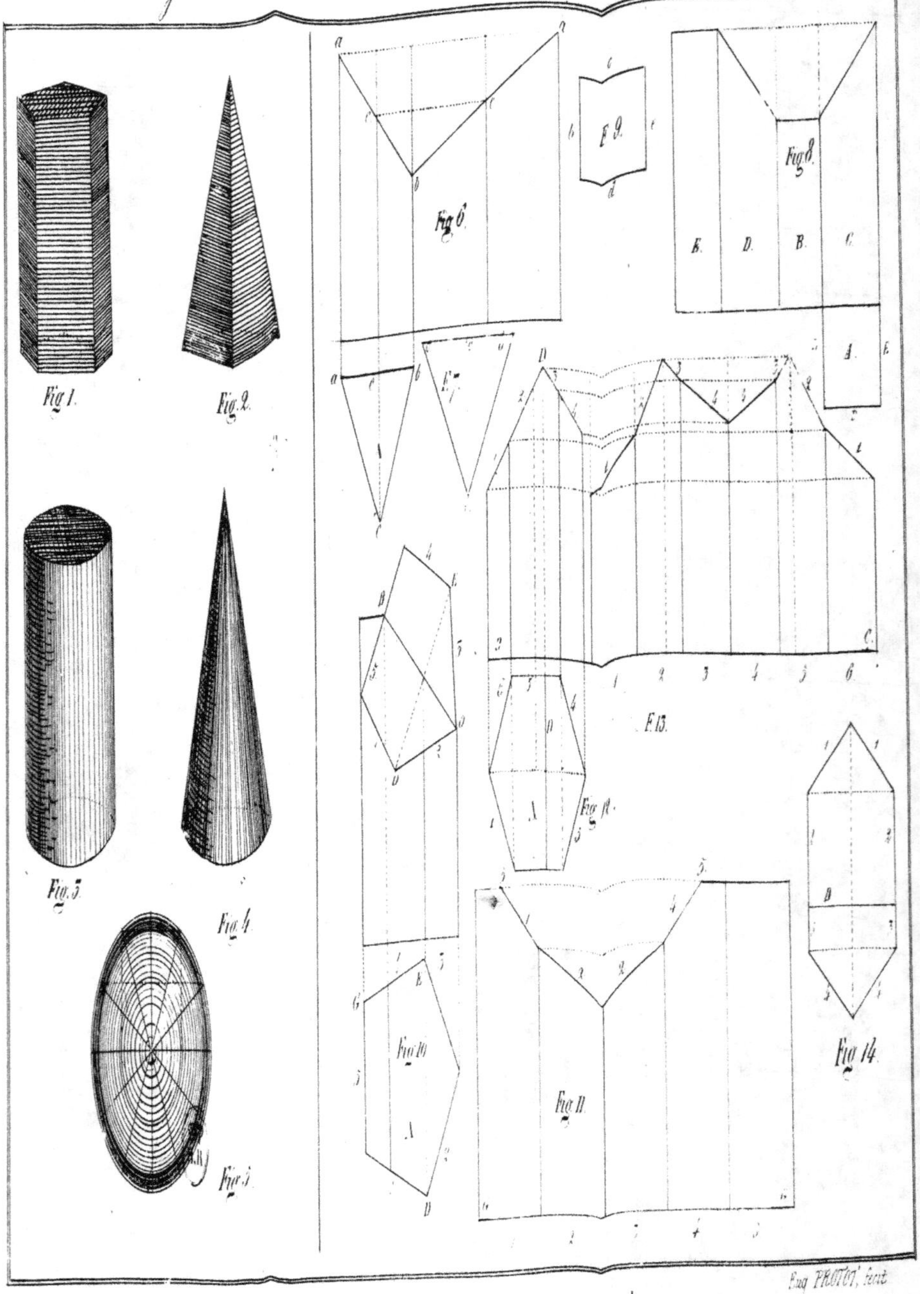
Fig 1.
Fig. 2.
Fig. 3.
Fig. 4
Fig. 5.
Fig 6.
F. 9.
Fig 8.
Fig 7.
F. 13.
Fig 12.
Fig 10.
Fig 11.
Fig 14.
Eug. PROTOT, fecit

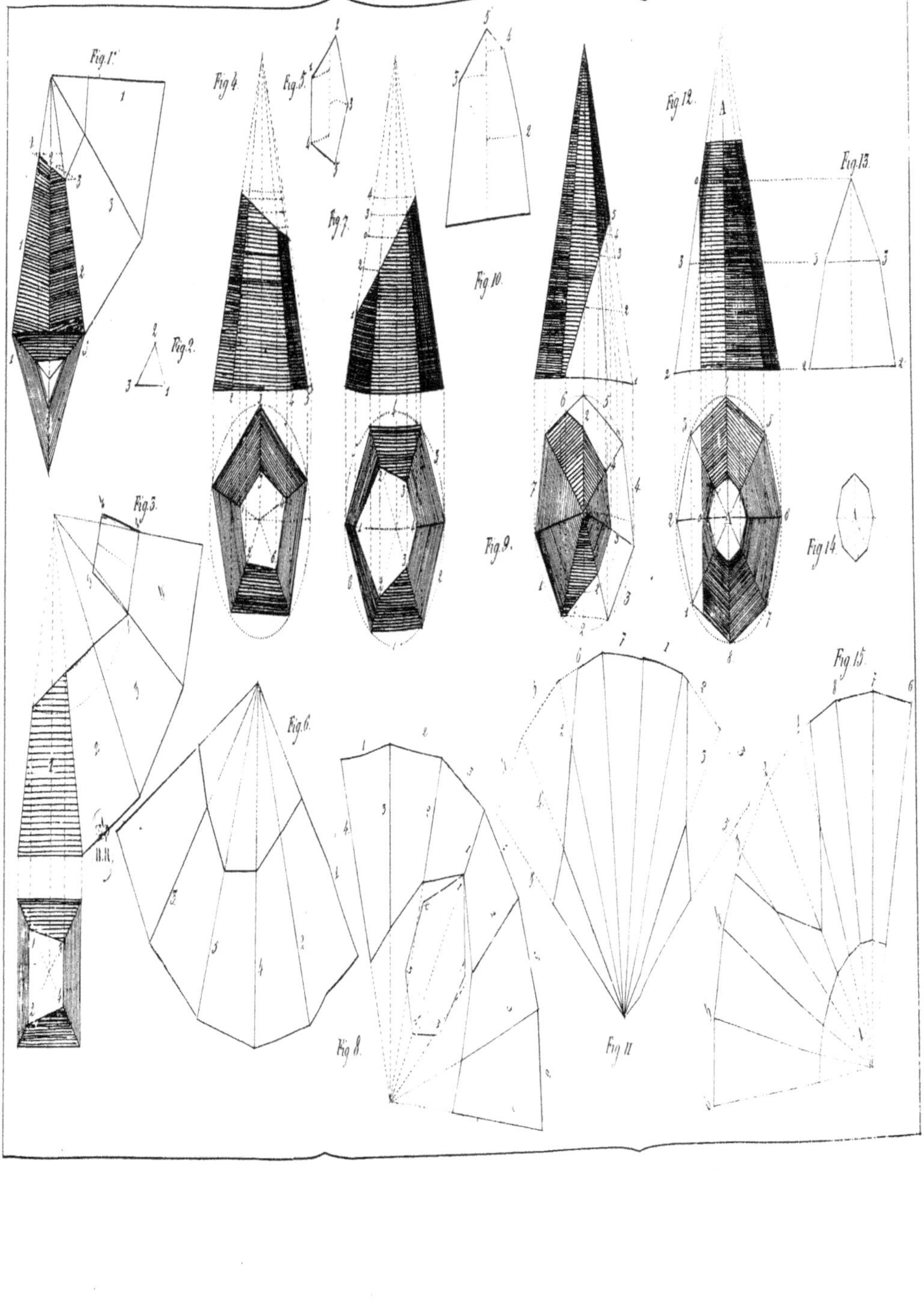

Fig. 1.
Fig. 2.
Fig. 3.
Fig. 4.
Fig. 5.
Fig. 6.
Fig. 7.
Fig. 8.
Fig. 9.
Fig. 10.
Fig. 11.
Fig. 12.
Fig. 13.
Fig. 14.
Fig. 15.

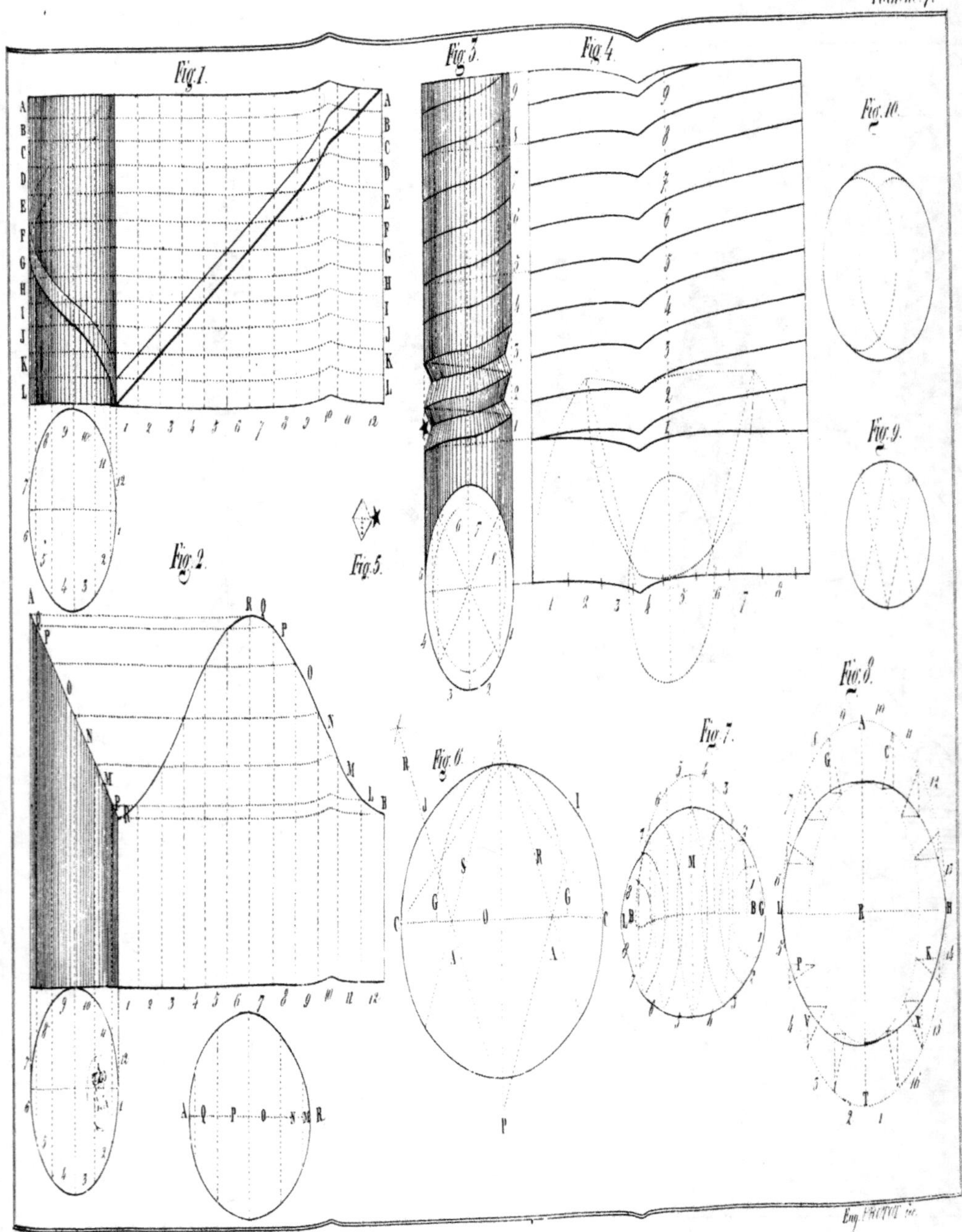

Planche 7.
Fig.1.
Fig.2.
Fig.3.
Fig.4.
Fig.5.
Fig.6.
Fig.7.
Fig.8.
Fig.9.
Fig.10.
Eng. PICTOT sc.

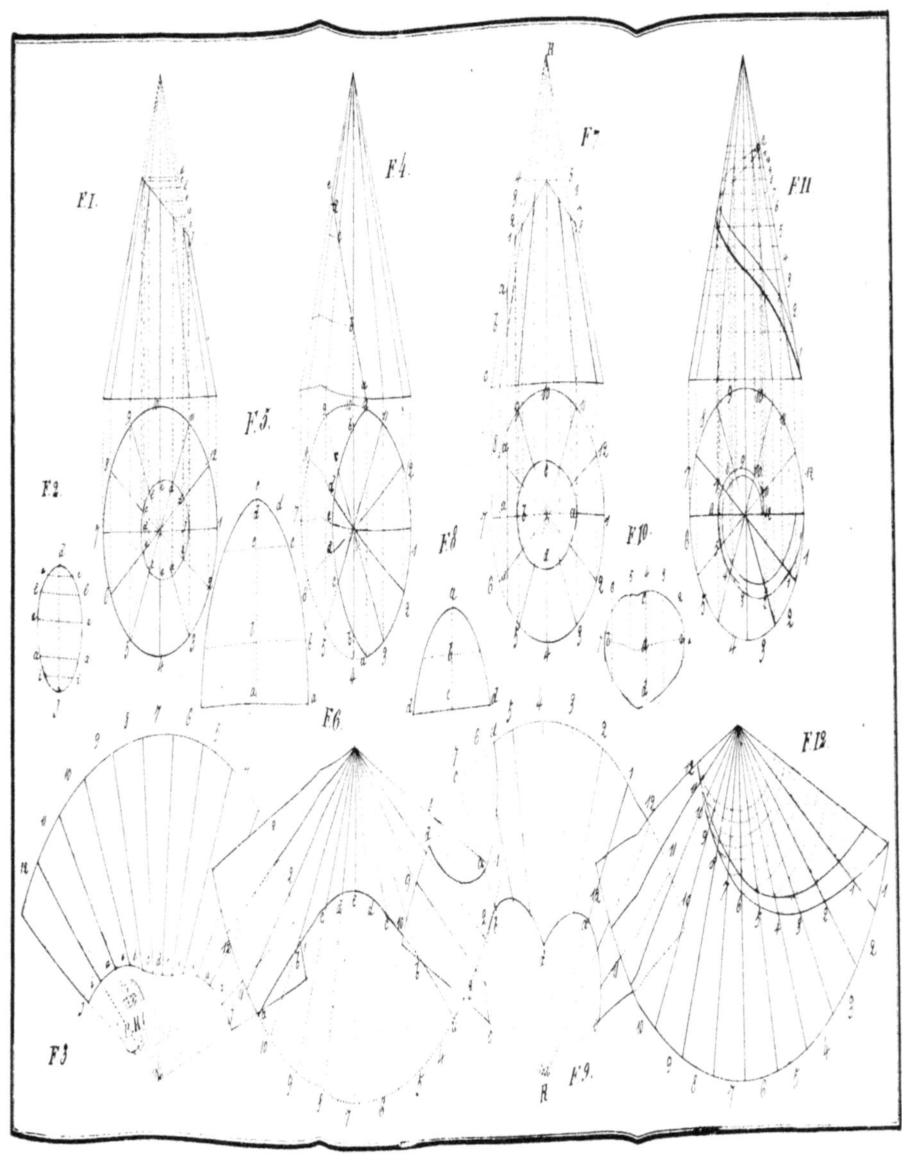
F.1.
F.2.
F.3.
F.4.
F.5.
F.6.
F.7.
F.8.
F.9.
F.10.
F.11.
F.12.

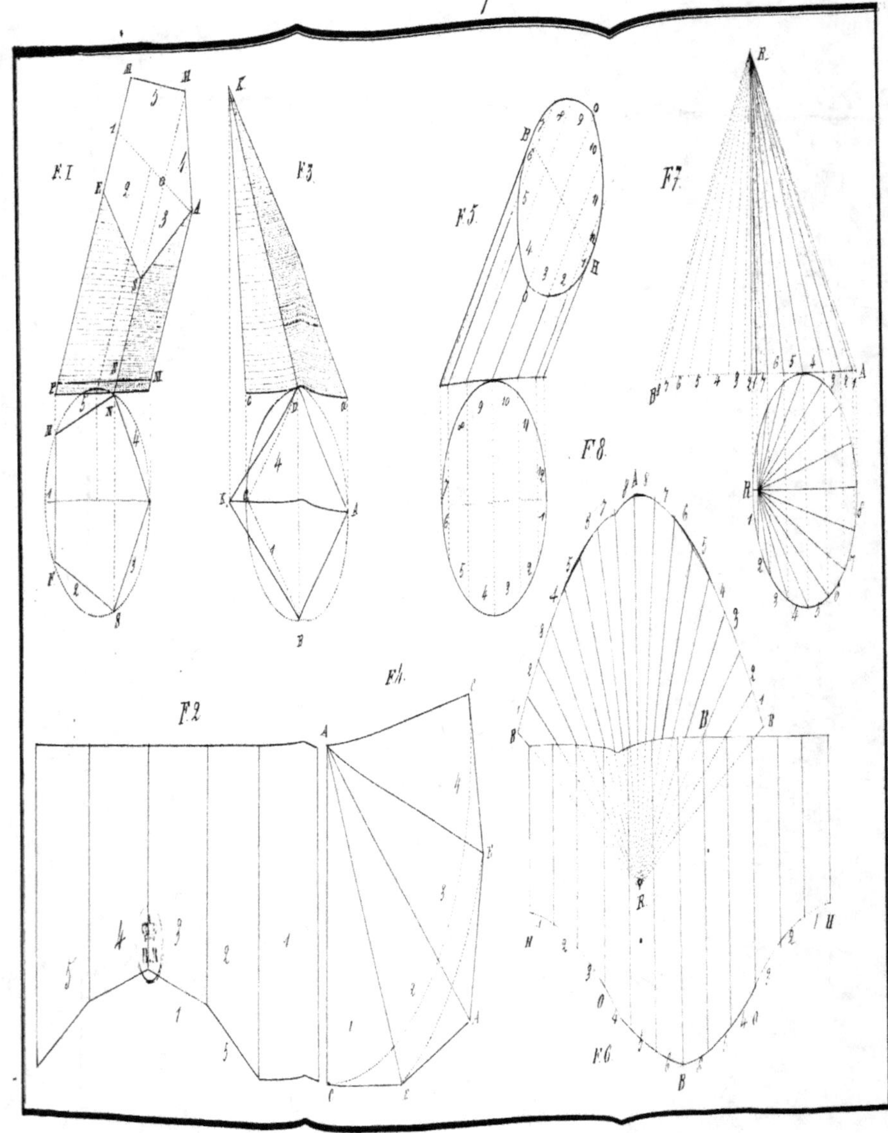
F. 1.
F. 3.
F. 5.
F. 7.
F. 8.
F. 2.
F. 4.
F. 6.

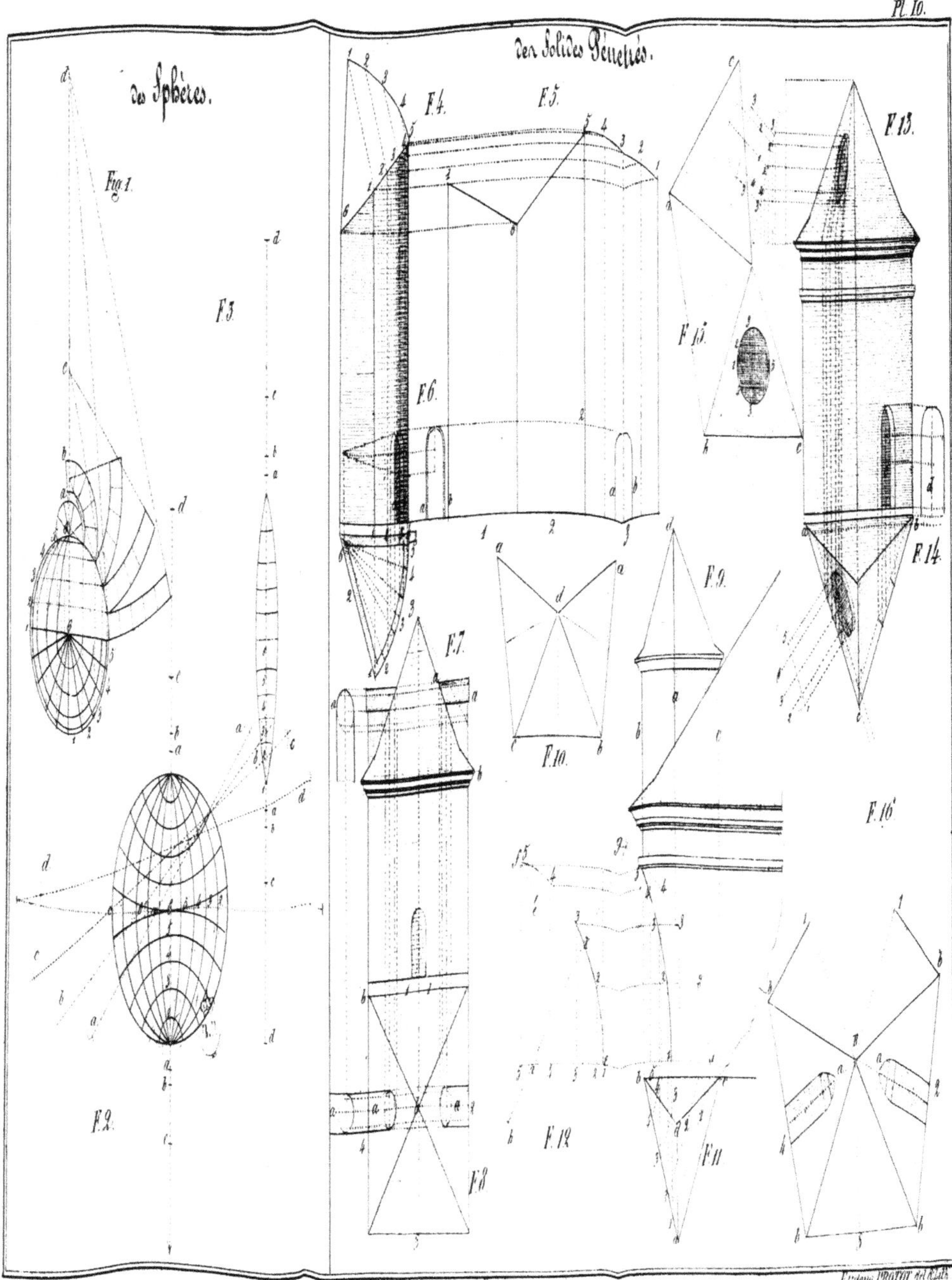
des Sphères.
des Solides Pénétrés.
Fig 1.
F.2.
F.3.
F.4.
F.5.
F.6.
F.7.
F.8.
F.9.
F.10.
F.11.
F.12.
F.13.
F.14.
F.15.
F.16.

Pl. II

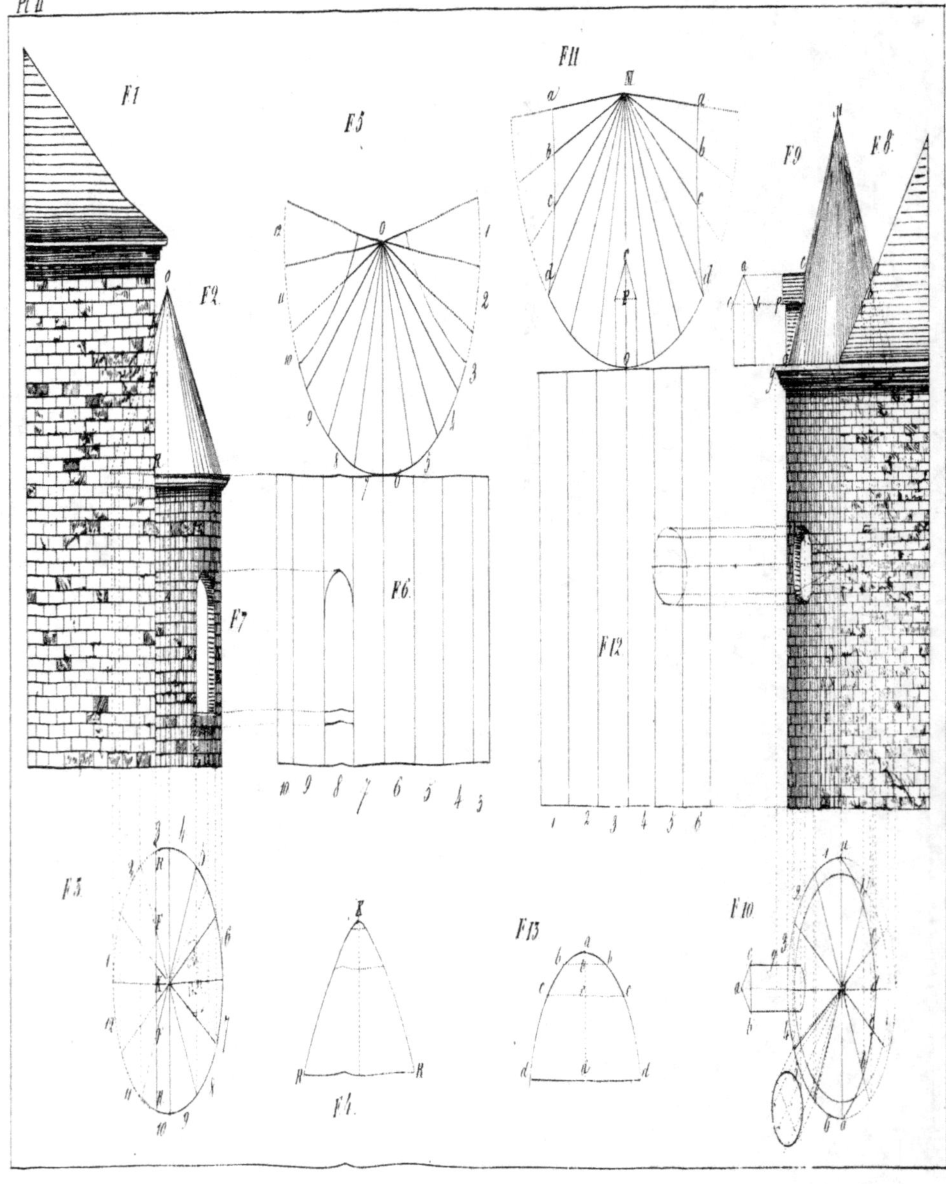

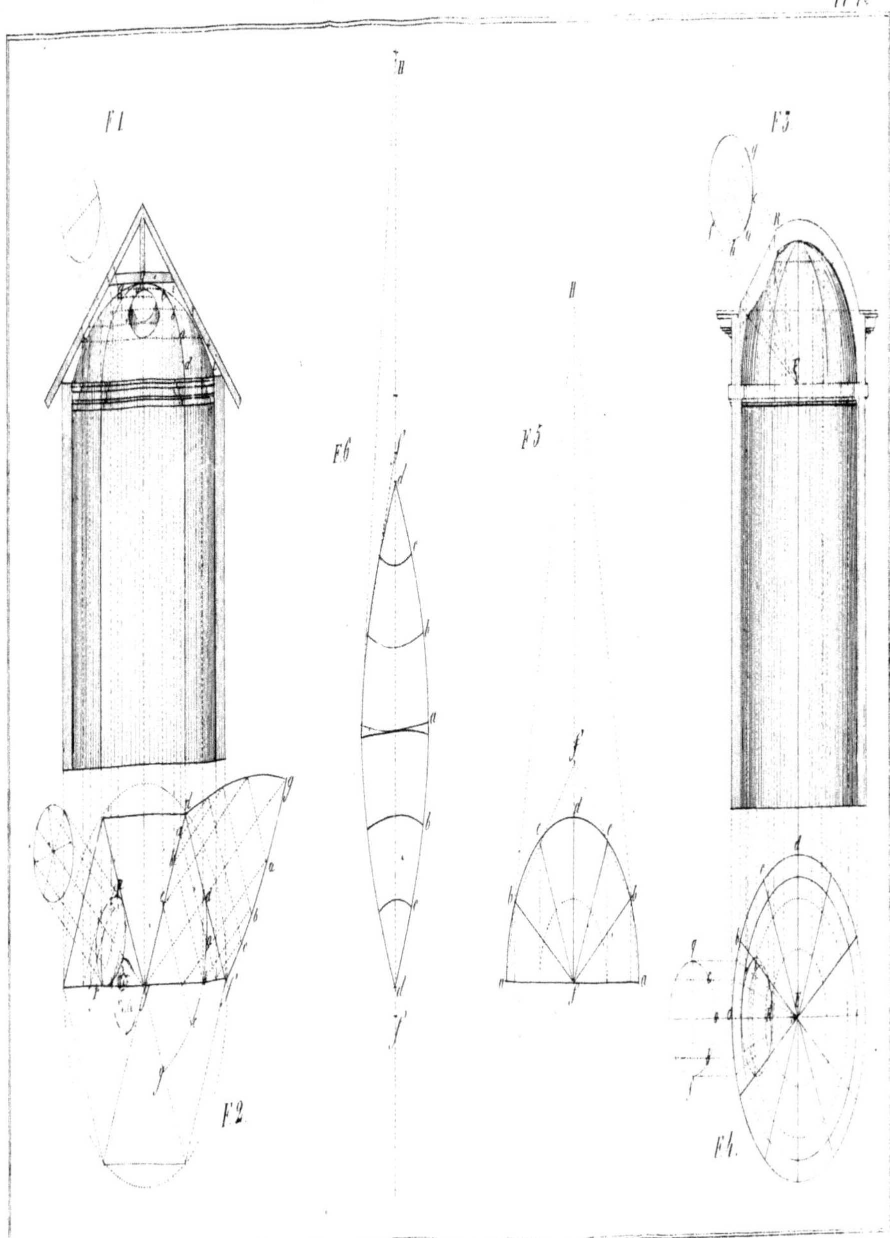
F.1
F.2
F.3
F.4
F.5
F.6

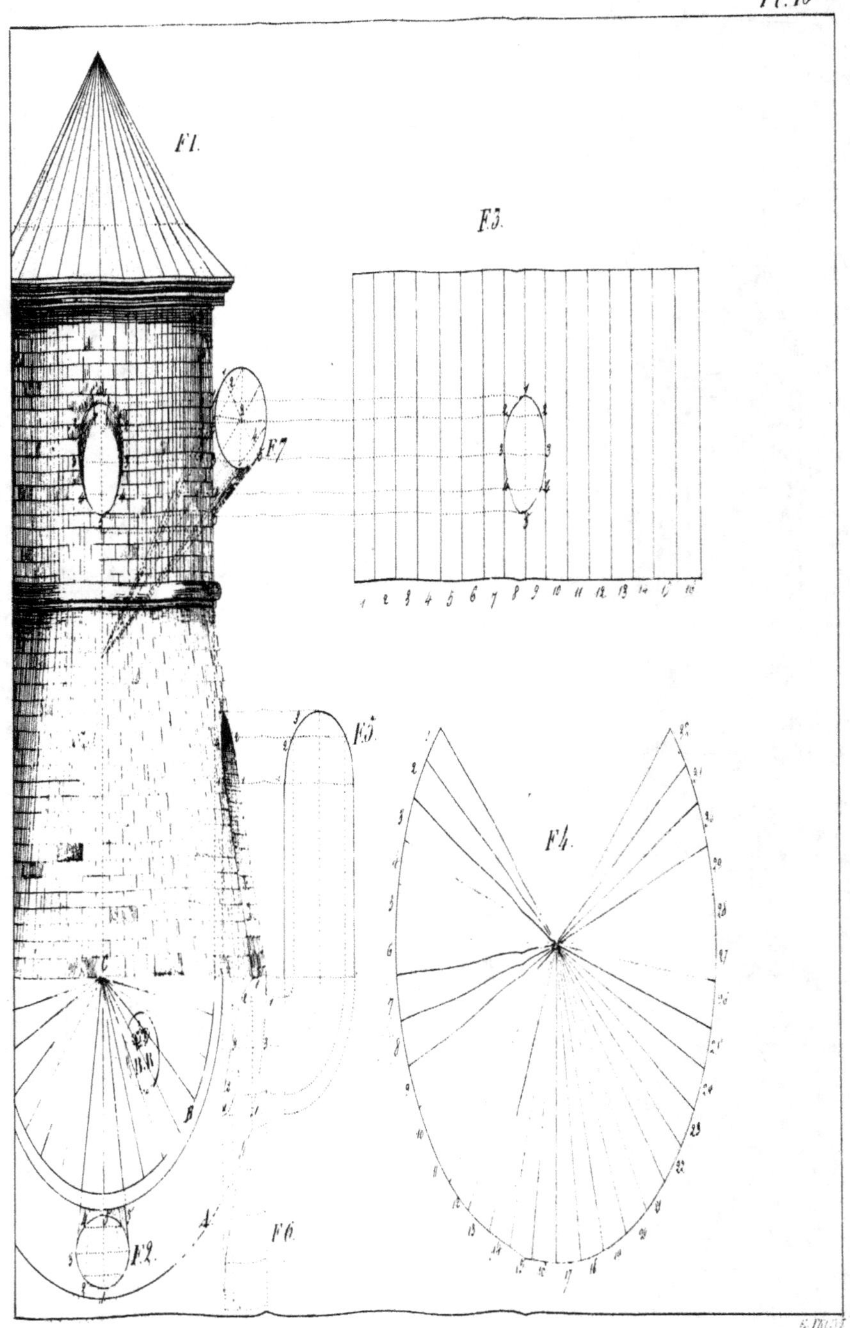

des Pénétrations.
Pl. 15
F1.
F3.
F7.
F5.
F4.
F2.
F6.
C
B
A

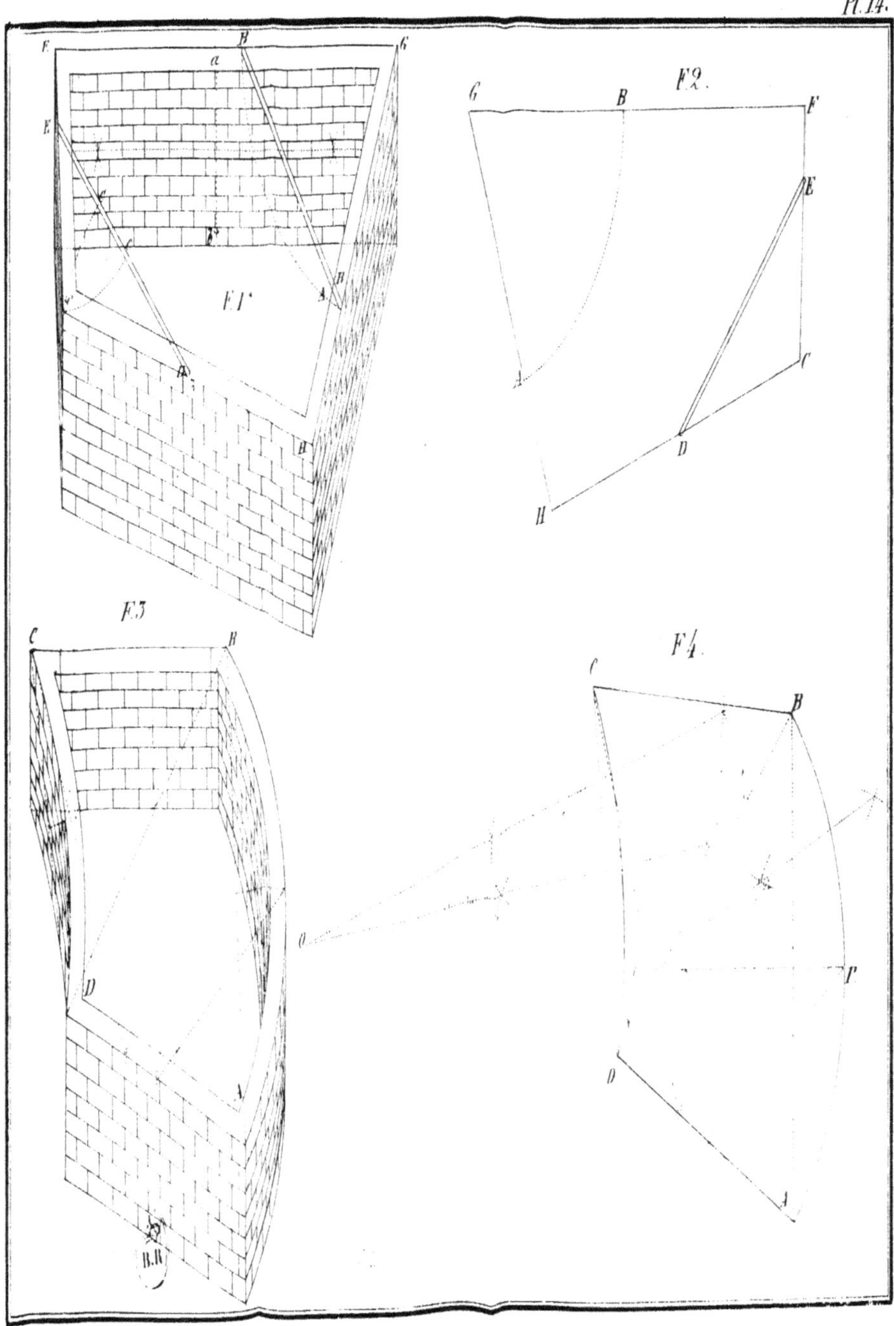
F.1.
F.2.
F.3.
F.4.
G B F
E
A C
D
H
C B
D
A
B.N.
C B
E
D P
A

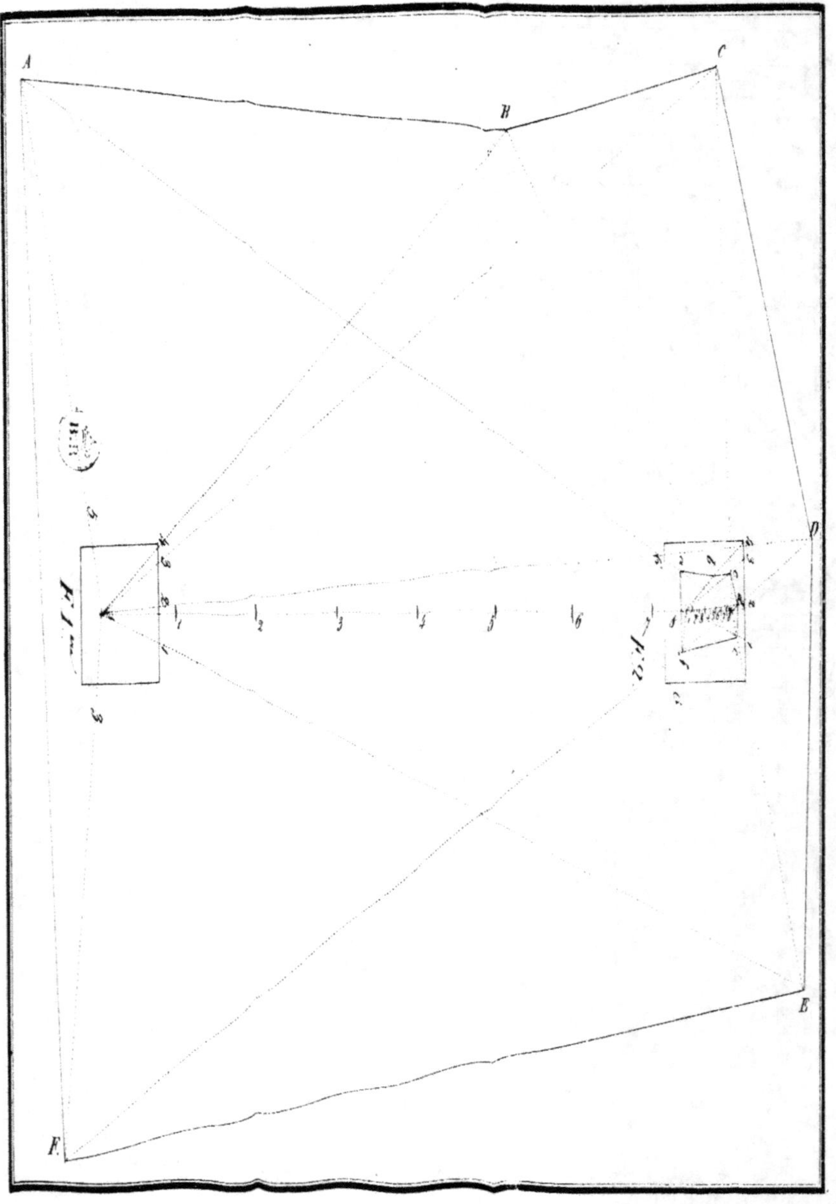

Lever des Plans.
Pl. 15.
A
C
B
D
E
F
Fig. 1.re
Fig. 2.
1 2 3 4 5 6

F. 2

Coupe des Pierres.
Sections Cylindriques.
Pl. 17
F.2
F1
P.R
Eug Dotot

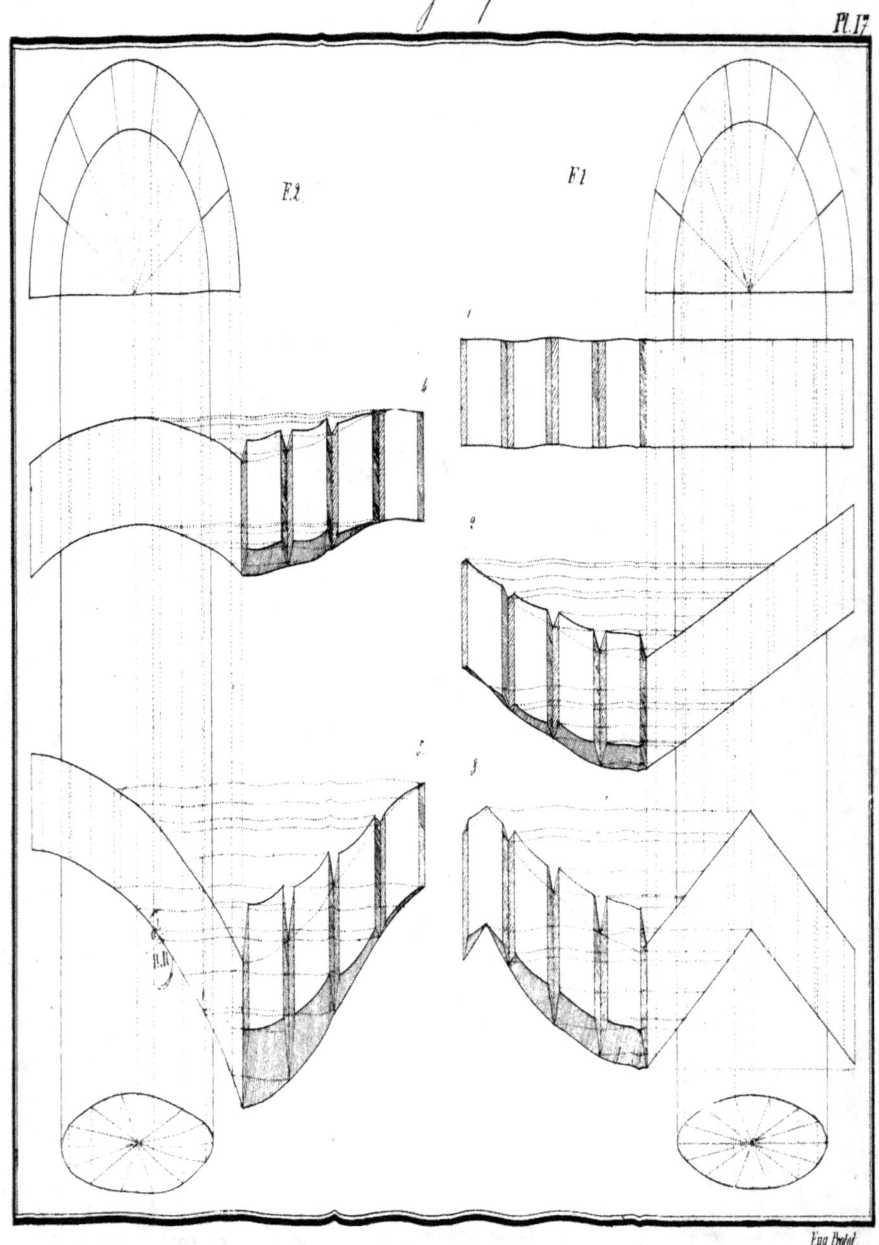

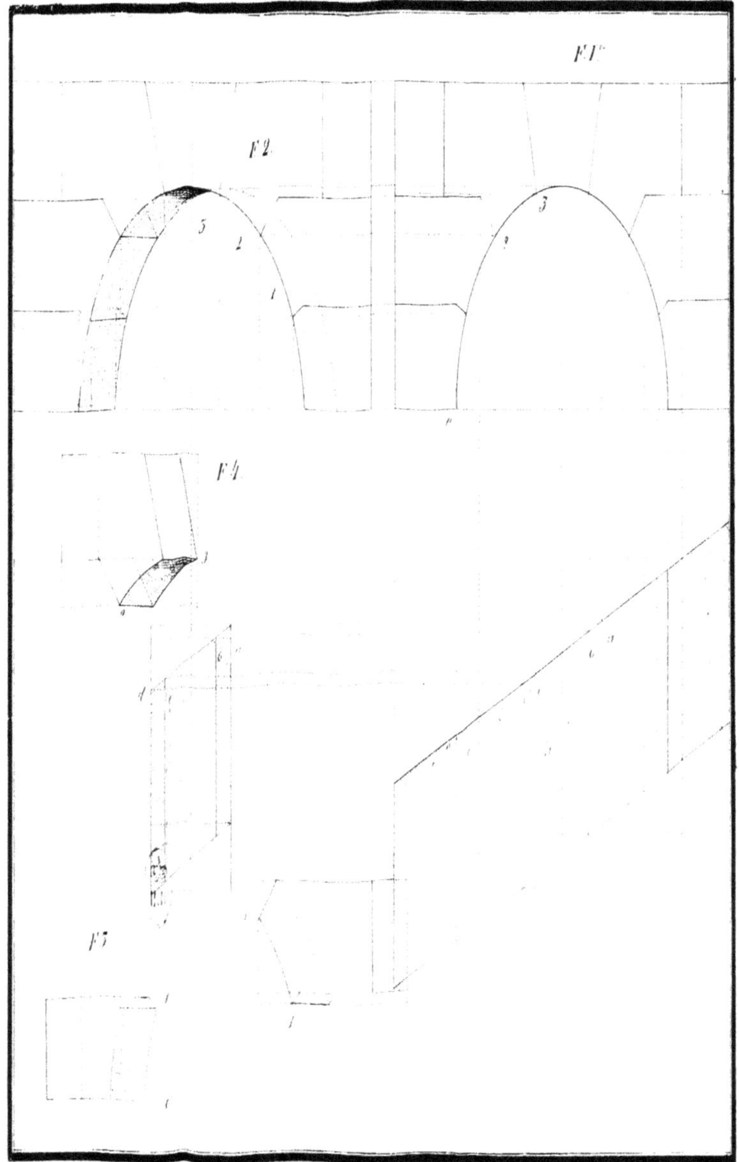
F.1.
F.2.
F.4.
F.7.

Coupe des Piédroits.

Coupe des Pierres.
Porte en Tour ronde et en Talus.
Porte biaise en Tour ronde et en Talus.
Pl. 20.
Fig. 1.
Fig. 2.
Fig. 3.
Fig. 4.
Fig. 5.
Fig. 6.
Fig. 7.
A
B
K
L

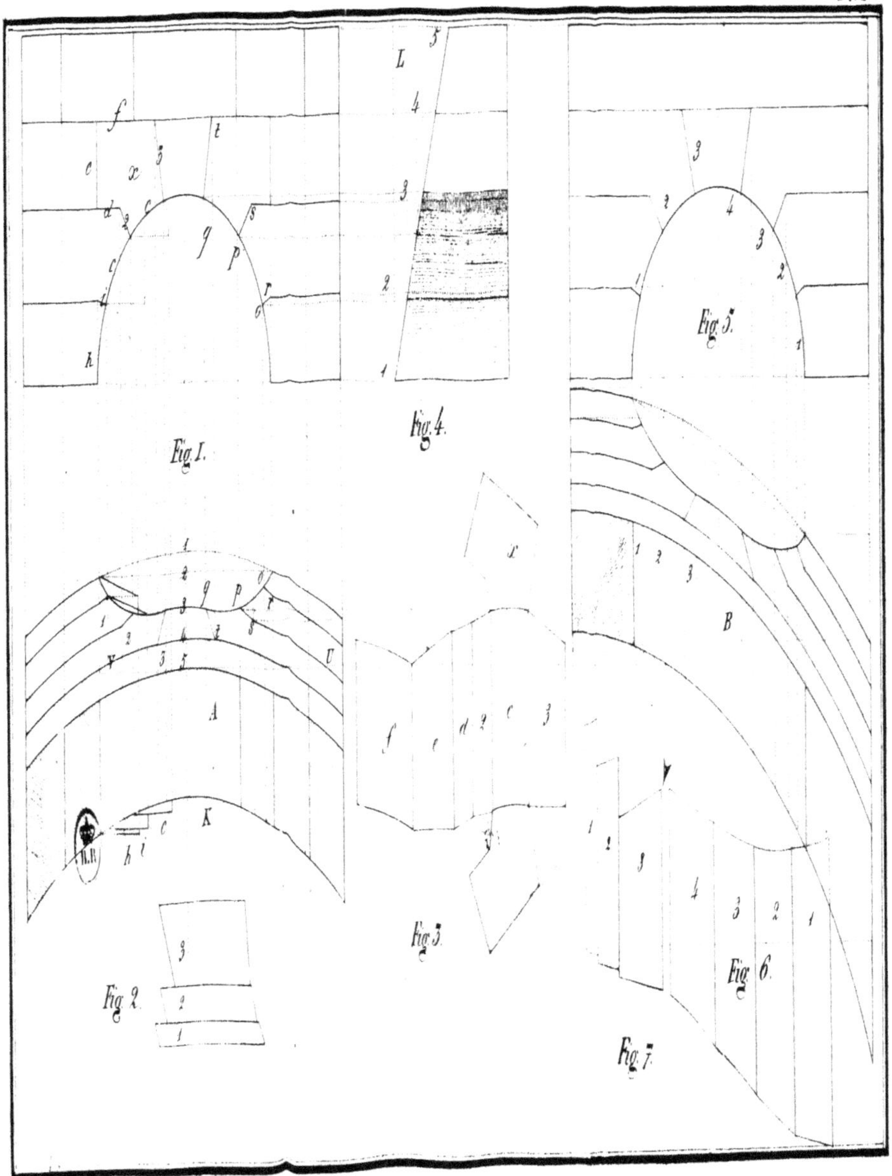

Porte Conique.

Porte Concoide.

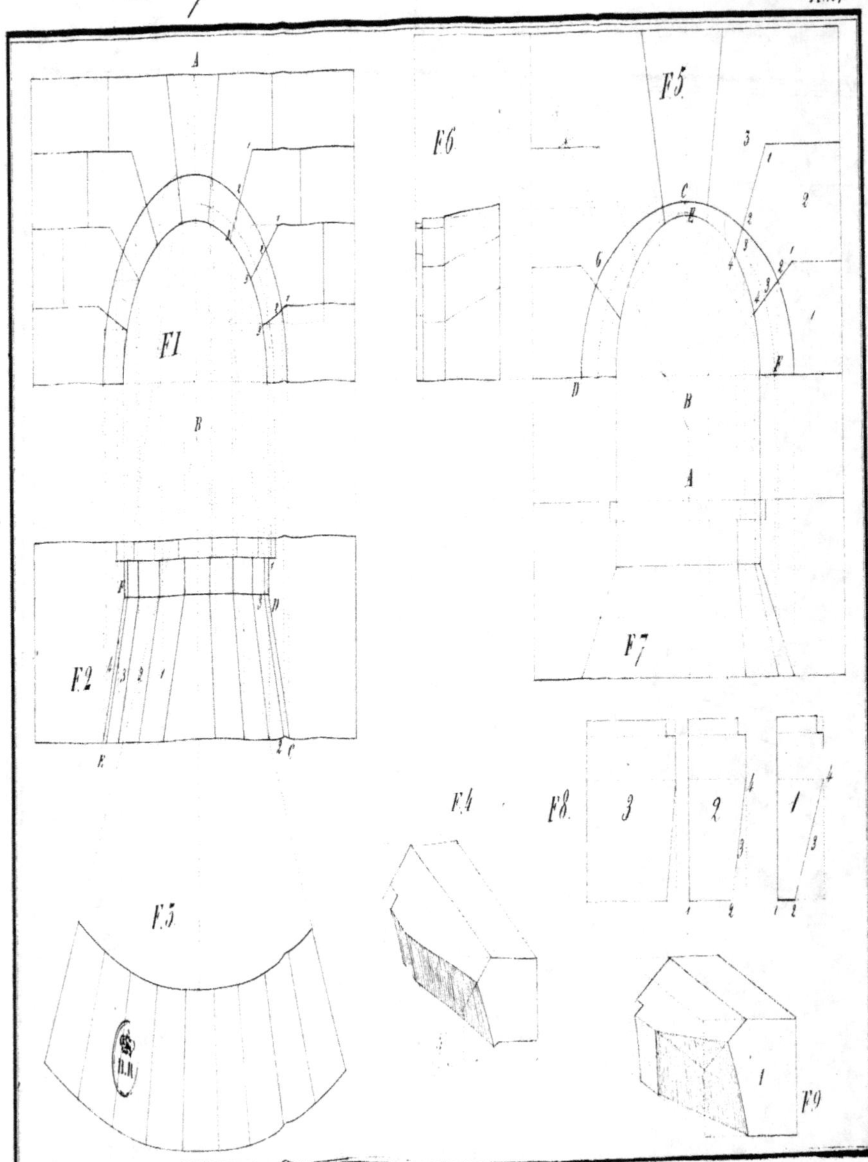

Voussure Circulaire.

Arrière Voussure de Marseille

Pl. 22.

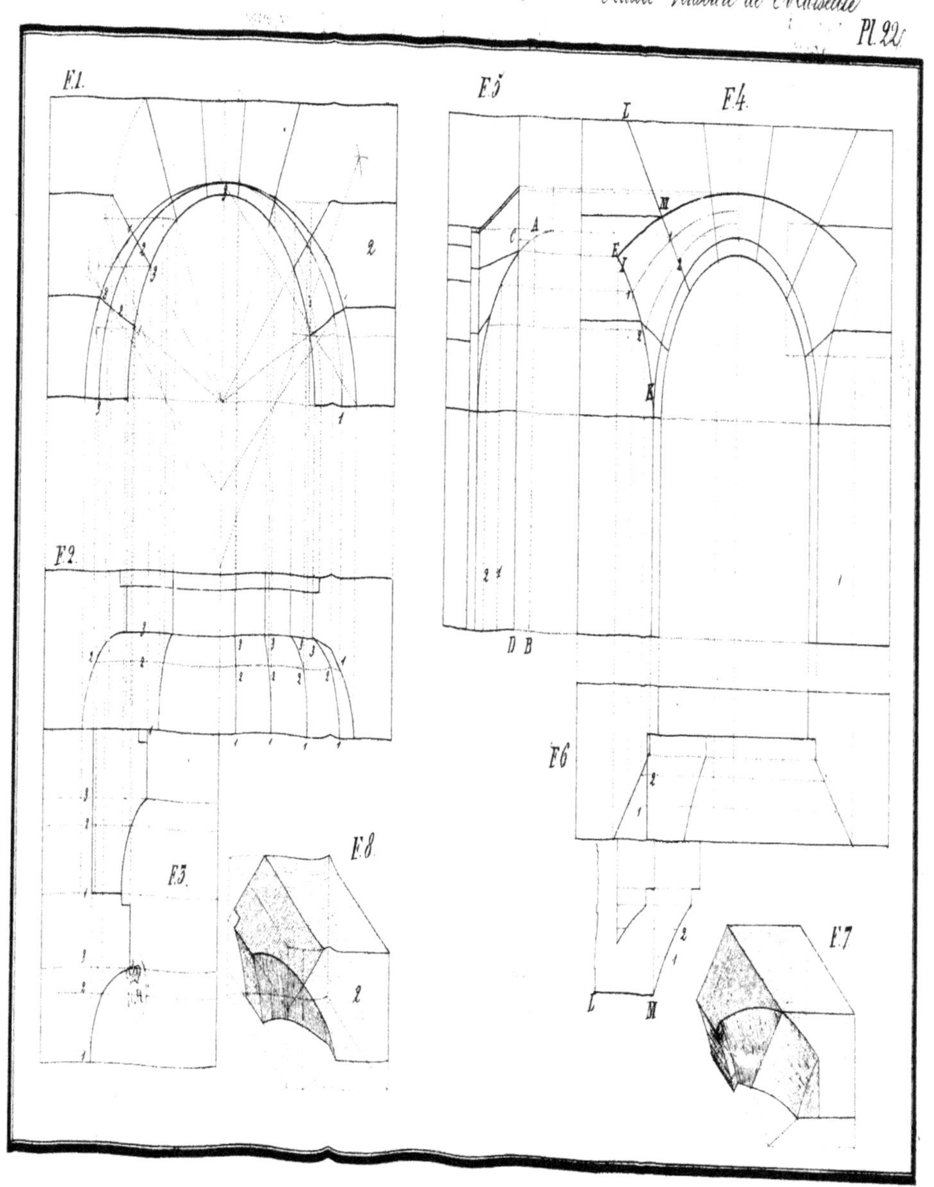

Arrière Voussure St. Antoine

Niche appareillée en trompe

Pl. 23.

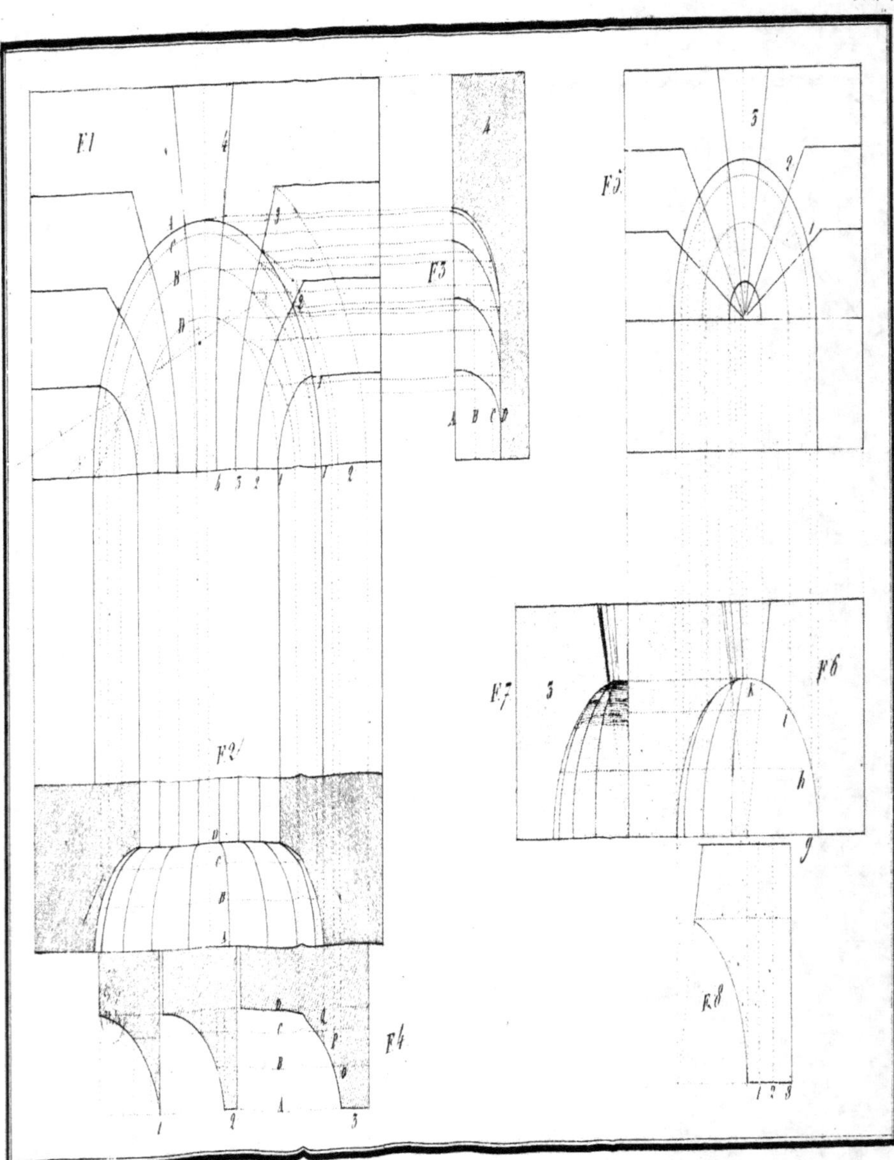

Pl. 24.

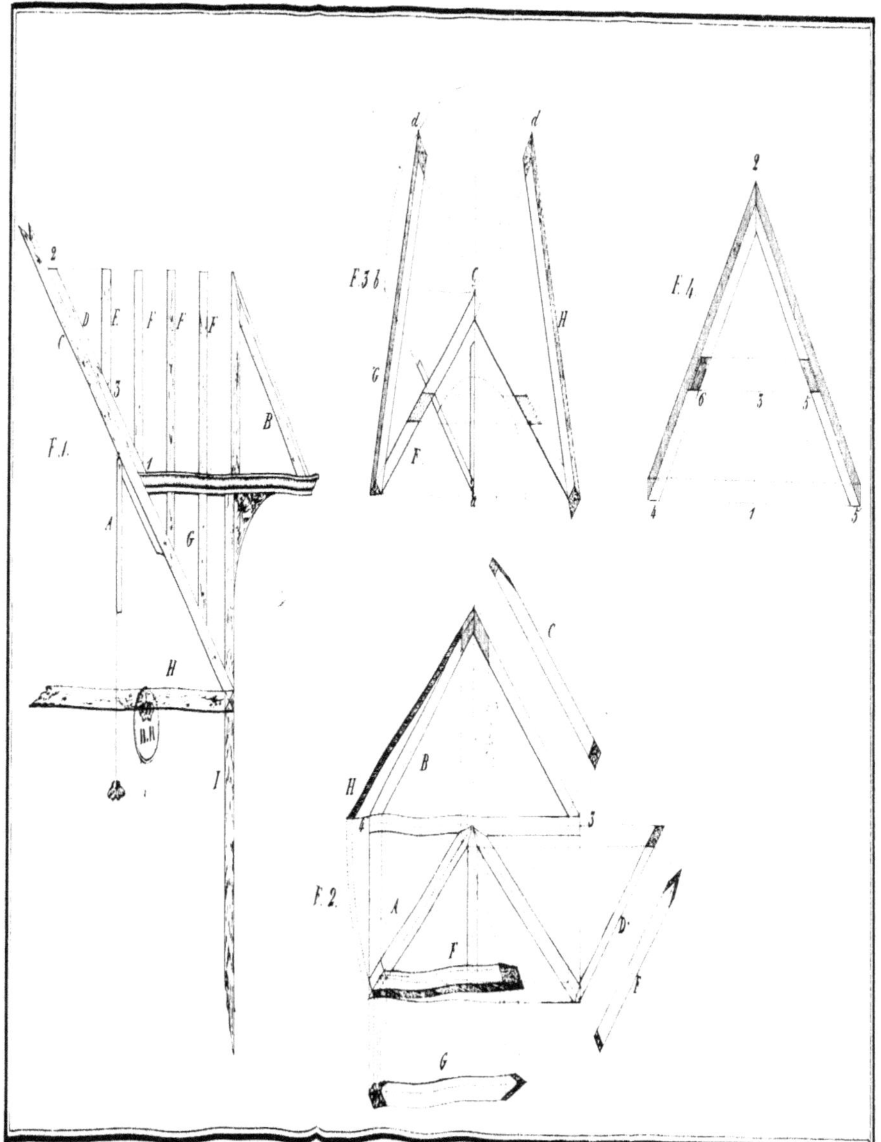

Pavillon Simple.

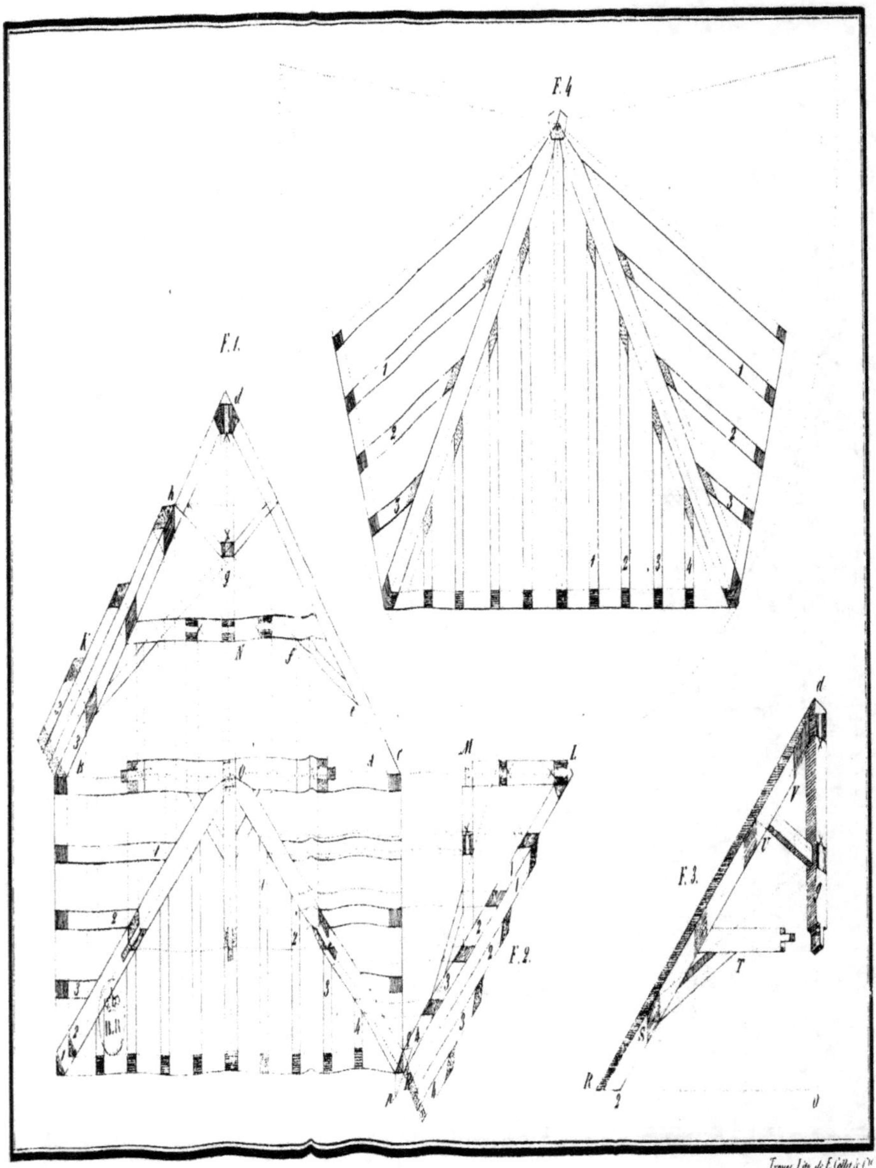

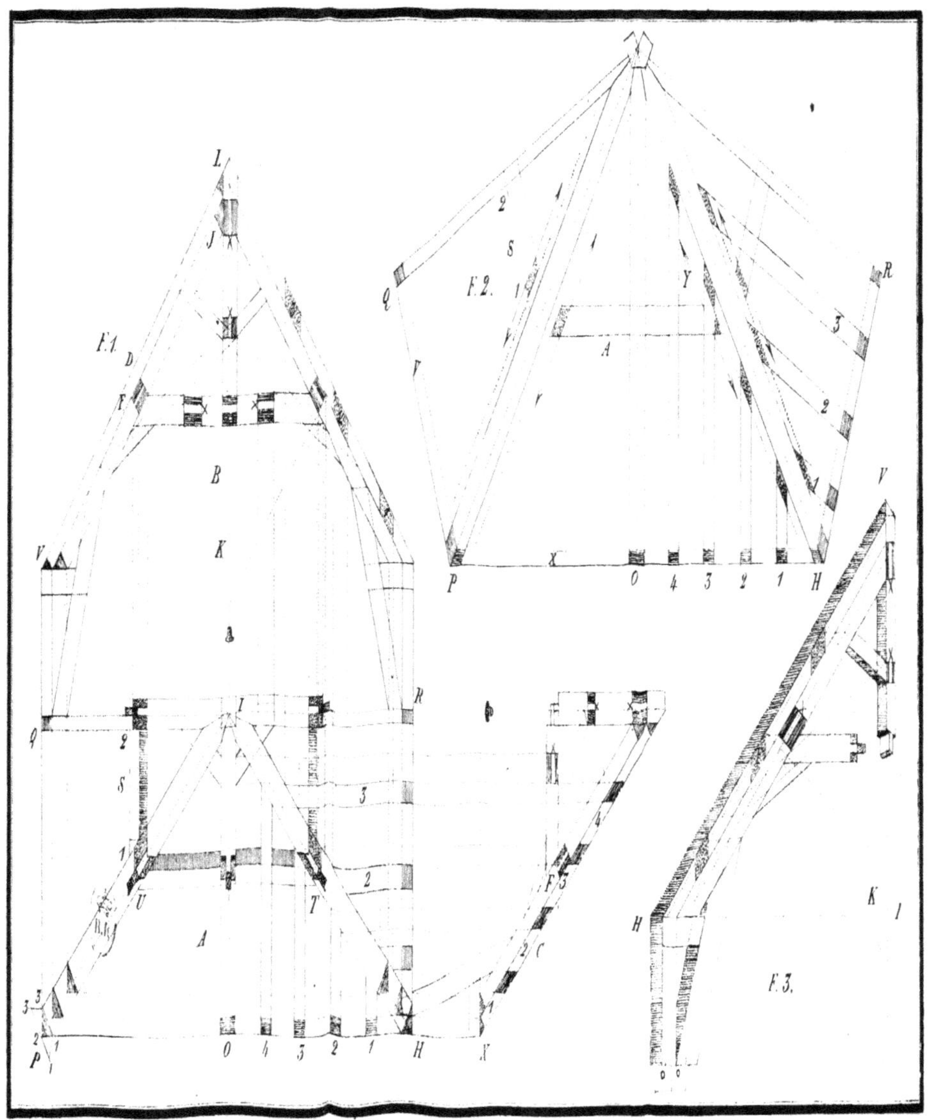
F.1.
F.2.
F.3.

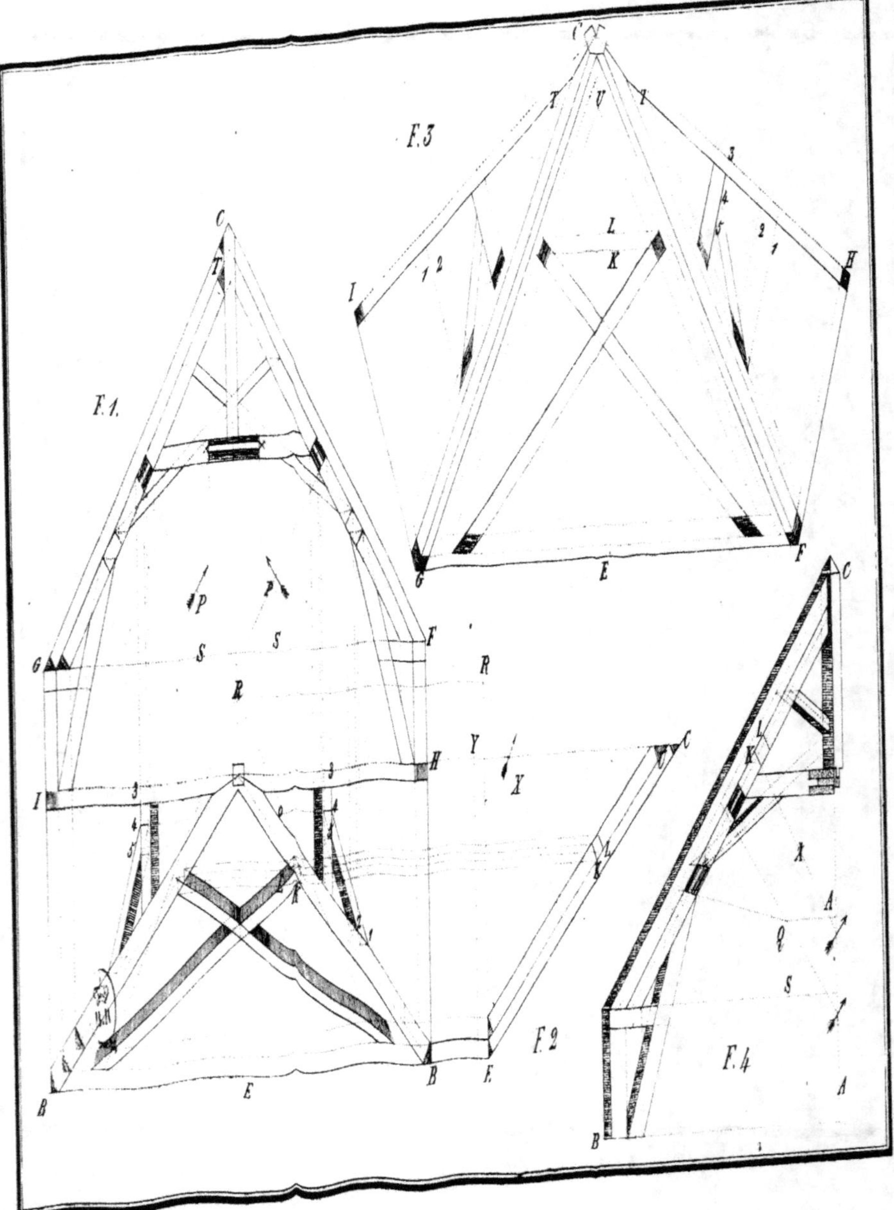
F. 1.
F. 2.
F. 3.
F. 4.

Pavillon sur Tasseau.

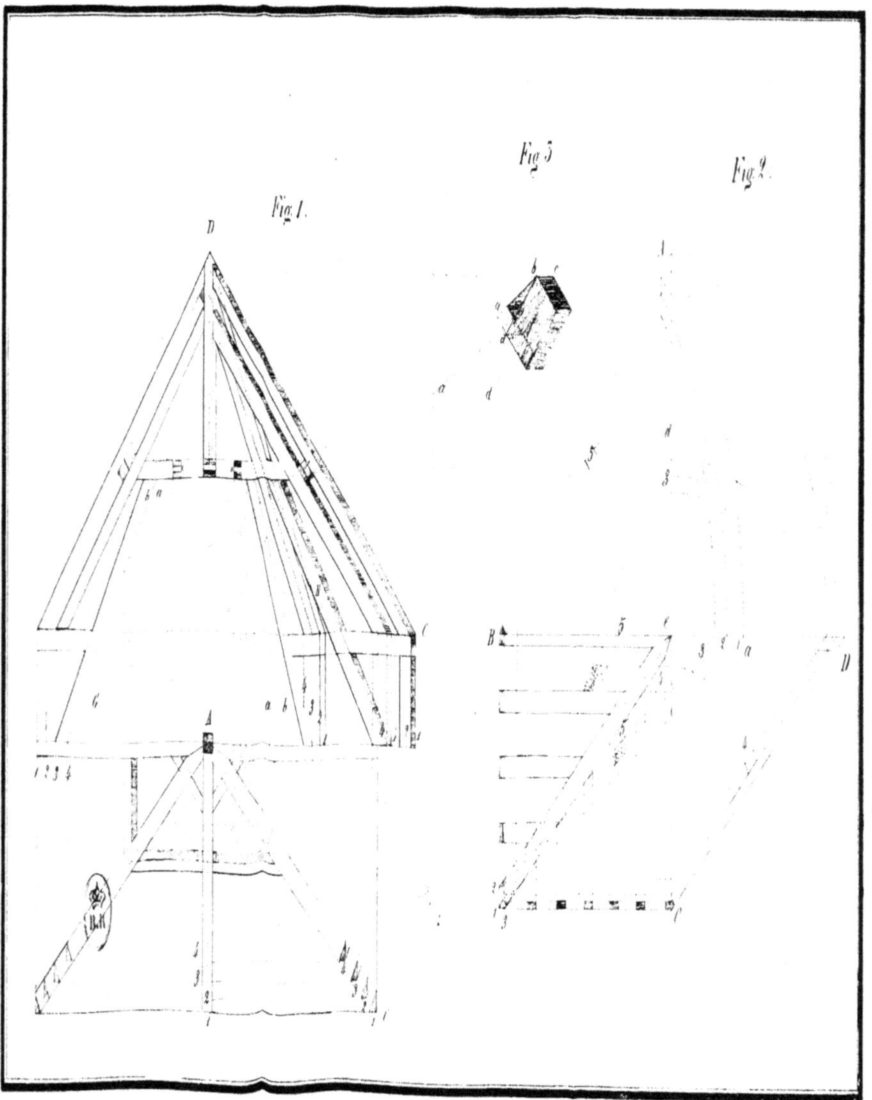

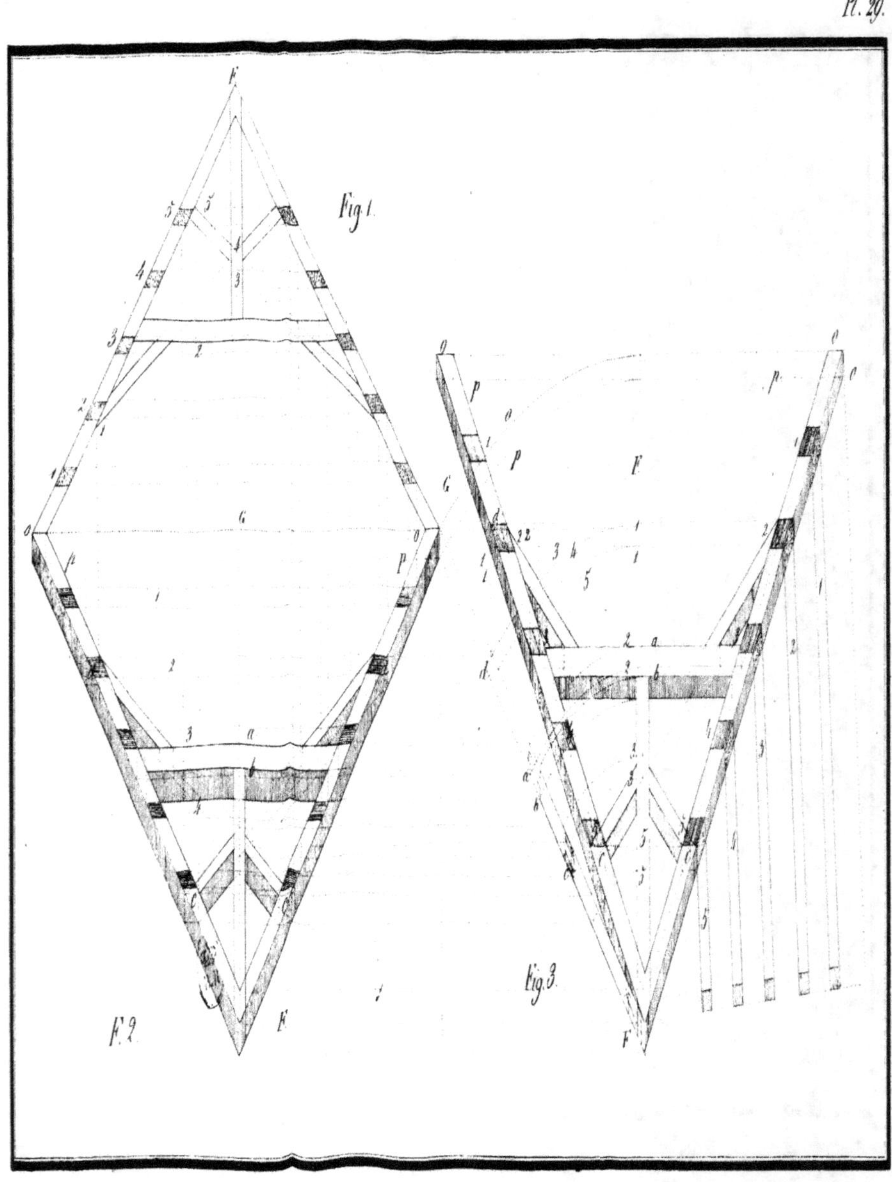
Fig.1.
Fig.2.
Fig.3.

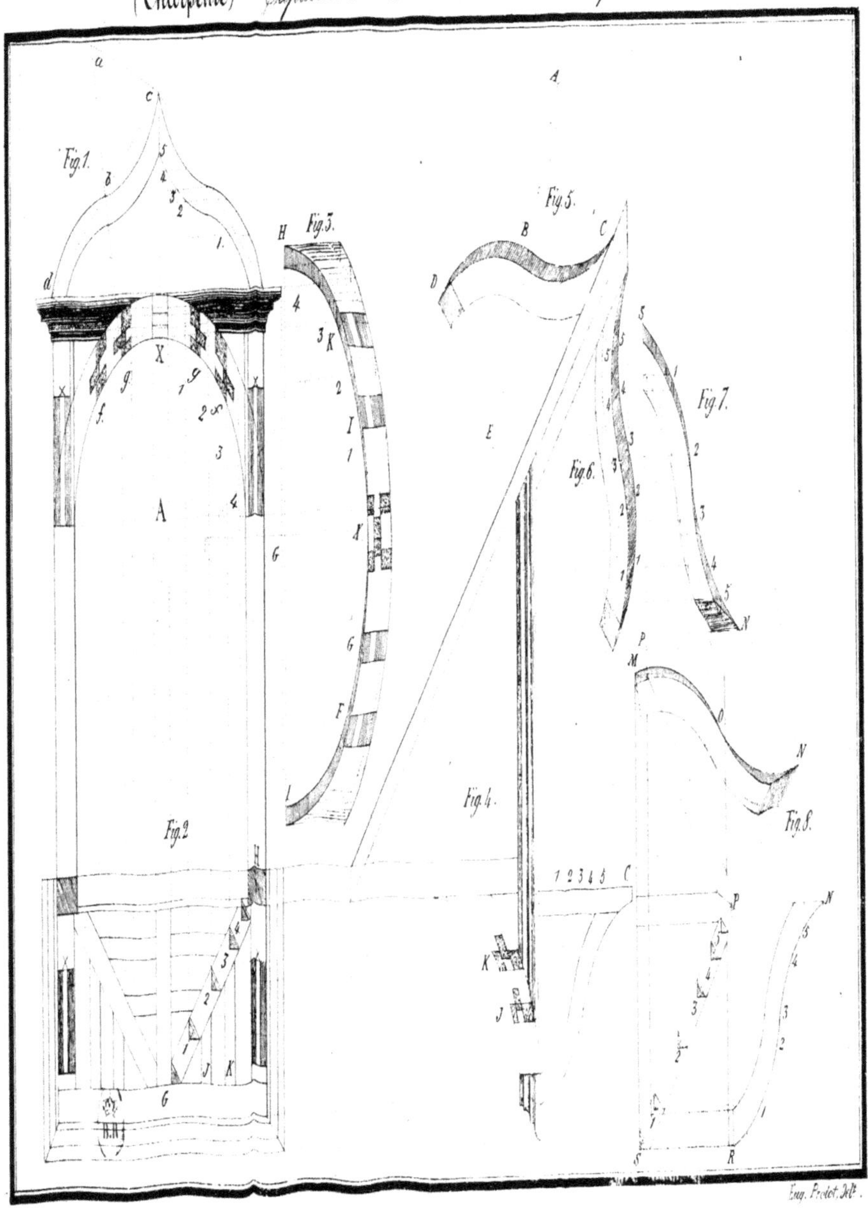
Fig.1.
Fig.2.
Fig.3.
Fig.4.
Fig.5.
Fig.6.
Fig.7.
Fig.8.
Eug. Pradet. Delt.

Charpente

Escalier quartier tournant

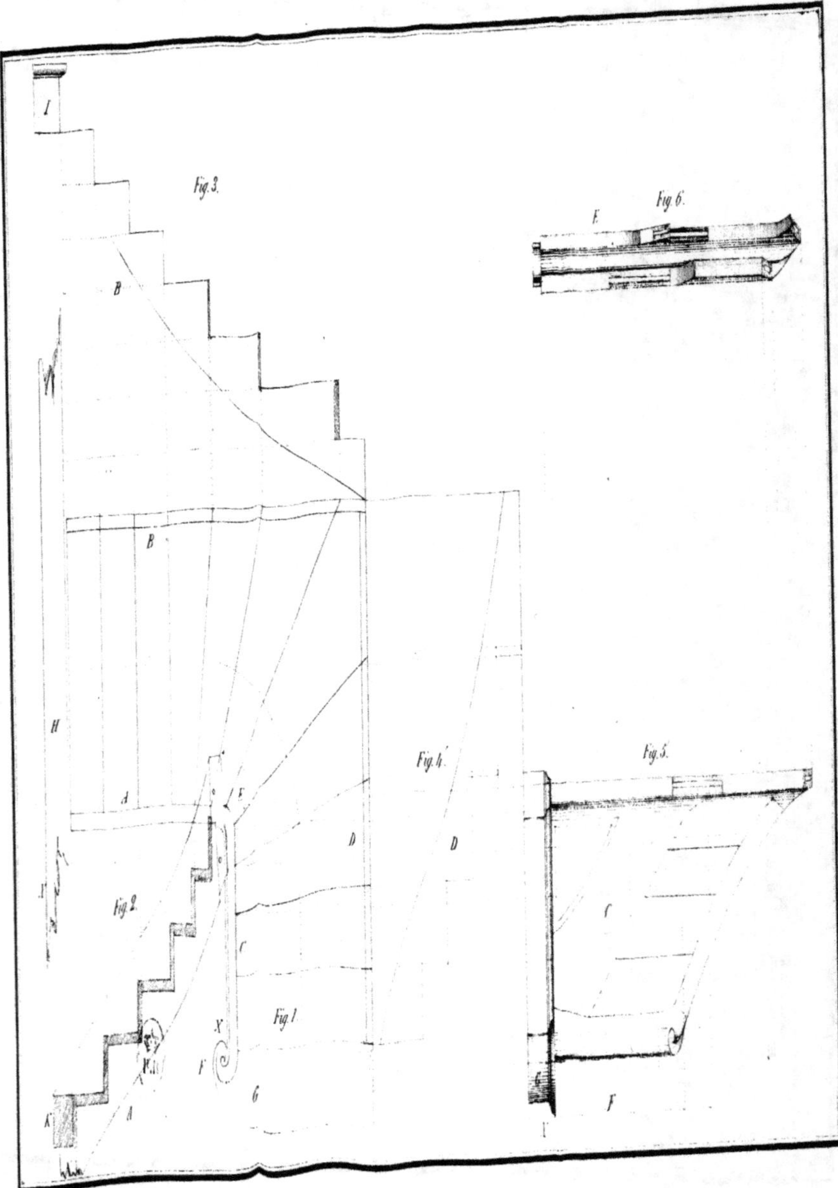

Élévation d'Escalier a courbes rampants

Élévation d'Escalier demi Anglais.

Pl. 32.

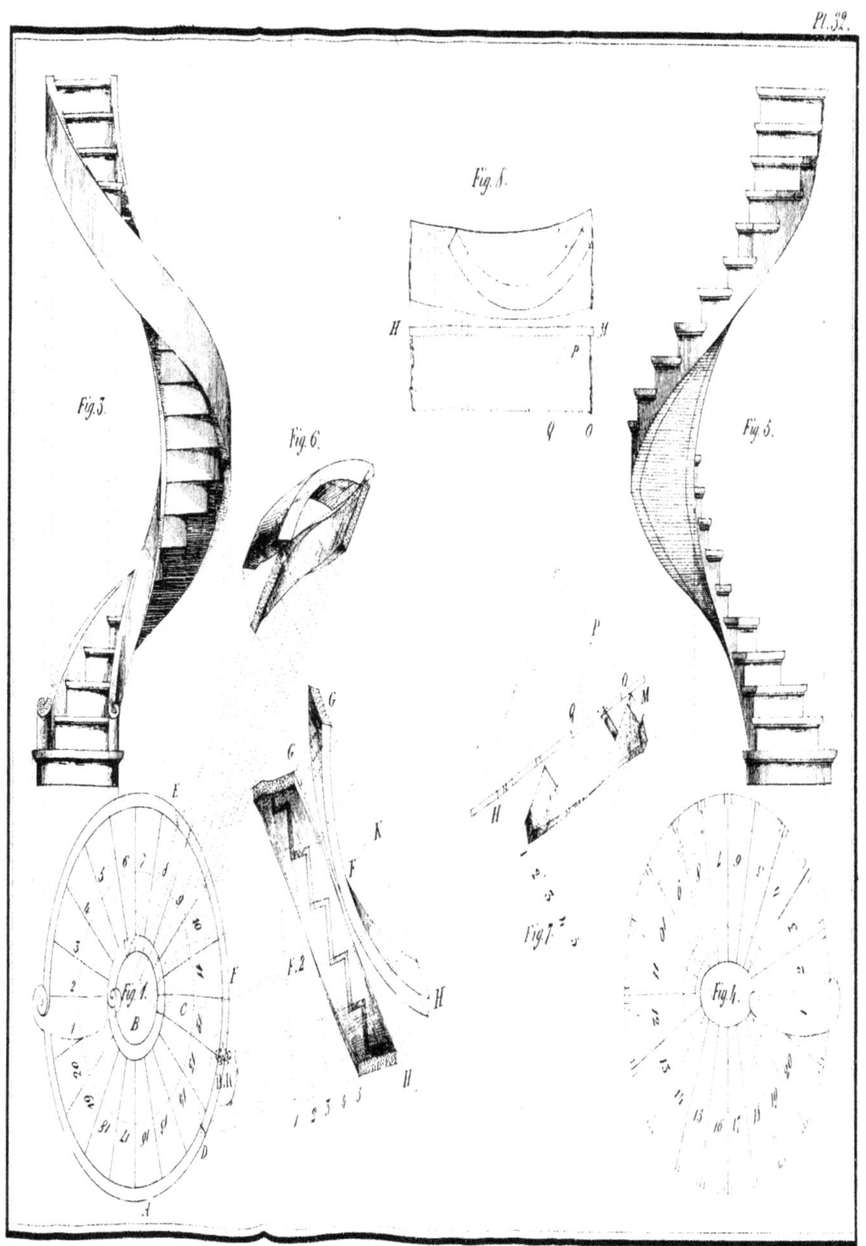